Über die technologischen Grundlagen der interstellaren Raumfahrt

Dr. rer. pol. Erik Kolek

Über die technologischen Grundlagen der interstellaren Raumfahrt

Chroniken der Wirtschaftsinformatik-Physik (CWIP)

Band 3, Auflagen-Nr. 1.0

2024

Kolek, Erik (2024). Über die technologischen Grundlagen der interstellaren Raumfahrt. In: *Chroniken der Wirtschaftsinformatik-Physik (CWIP)*. Band 3, Auflagen-Nr. 1.0. ISBN: 9783759705549.

Vorwort

Bei diesem Buch handelt es sich um eine wegweisende theoretische Abhandlung über die technologischen Grundlagen der interstellaren Raumfahrt mit dem Forschungsziel diese möglichst Down-to-Earth zu beschreiben und daher zu ermöglichen. Als Einführung werden die Grundlagen einer Theorie von Allem beschrieben. Eine quantenmedizinische Molekulartheorie hinsichtlich der menschlichen Körperzellen wird mittels heuristischer Gesichtspunkte eingeführt. Es werden fortschrittliche Quantentechnologien entwickelt und inhaltlich beschrieben. Das Werk besteht aus interessanten Einzelbeiträgen zu einzelnen Themenbereichen. Es handelt sich bei diesem Buch um eine wissenschaftliche Abhandlung im Fachbereich Wirtschaftsinformatik einerseits und Physik andererseits. Das vorliegende Buch hat fachlich interessierte Leserinnen und Leser als Zielgruppe.

Der modernen Vorstellung einer fortschrittlichen Hochschuleinrichtung für die Erforschung der Sterne folgend habe ich mithilfe einer Wissenschaft von Allem, die ich als Wirtschaftsinformatik-Physik bezeichne, auf Basis universeller quantenphysikalischer Grundlagen innovative Programmideen für die Alphaentwicklung verschiedener Quantentechnologien erarbeitet – natürlich handelt es sich hierbei um einen reinen *Science-Fiction-Ansatz*.

Die vorliegende zukunftsorientierte wissenschaftliche Erzählung bezieht sich auf die technologischen Grundlagen einer souveränen Raumschiffklasse für die lichtskalierte Zeitraumforschung mit maximal 10c Lichtfaktorpotenzial, aber das erscheint derzeit unmöglich zu sein ohne ein entsprechend konzipiertes sternenakademisches Entdeckungszentrum, das auch ein Museum darstellt und dessen Mitglieder sich inhaltlich mit Raumzeitphysik und Quantentechnologien auseinandersetzen.

In diesem Buch werden die technologischen Grundlagen der interstellaren Raumfahrt einzeln aufgeführt. Diese beginnen bei einer Theorie von Allem, worauf das Biobett und die Lichtresonanztomographie (LRT) vorgestellt werden. Hierauf folgt die Vorstellung einer Visierquantentechnologie in der Form einer im Kern für Menschen

Kolek, Erik (2024). Über die technologischen Grundlagen der interstellaren Raumfahrt. In: *Chroniken der Wirtschaftsinformatik-Physik (CWIP)*. Band 3, Auflagen-Nr. 1.0. ISBN: 9783759705549.

erdachten Augenprothese, welche das Sehen für blinde Menschen wieder ermöglichen könnte. Darauf folgt die technologische Beschreibung des Warpantriebs mit einer Höchstlichtgeschwindigkeit von maximal 10c. Hieran anknüpfend werden die Kernfusion von Gasen innerhalb eines Reaktors basierend auf einer Neutrinoreaktion erklärt sowie eine ingenieurswissenschaftliche Methode für die schrittweise Entwicklung von innovativen Technologien erläutert. Darauf folgt die Beschreibung des Erik-Kolek-Motors (E-KOMO).

Keine der vorliegenden beschriebenen Technologien liegt in der Form eines Prototyps vor. Es werden lediglich theoretisch mögliche Technologien aufgezeigt und besprochen. Die Gestaltung von Prototypen ist nur eine logische Folge, die aufbauend auf den Inhalten dieses Buches möglich wird. Wichtig ist zu verstehen, dass es sich um technologische Grundlagen bzw. innovative Entwicklungen handelt, welche der Menschheit die interstellare Raumfahrt zumindest in der Theorie ermöglichen in der Lage sein sollte.

Kolek, Erik (2024). Über die technologischen Grundlagen der interstellaren Raumfahrt. In: *Chroniken der Wirtschaftsinformatik-Physik (CWIP)*. Band 3, Auflagen-Nr. 1.0. ISBN: 9783759705549.

Mai 2024.   Dr. rer. pol. Erik Kolek, Diplom-Betriebswirt (FH), M.A., M.Sc.

Kolek, Erik (2024). Über die technologischen Grundlagen der interstellaren Raumfahrt. In: *Chroniken der Wirtschaftsinformatik-Physik (CWIP)*. Band 3, Auflagen-Nr. 1.0. ISBN: 9783759705549.

Inhaltsverzeichnis

Kolek, Erik (2024). Über die technologischen Grundlagen der interstellaren Raumfahrt. In: *Chroniken der Wirtschaftsinformatik-Physik (CWIP)*. Band 3, Auflagen-Nr. 1.0. ISBN: 9783759705549.

Kolek, Erik (2024). Über die technologischen Grundlagen der interstellaren Raumfahrt. In: *Chroniken der Wirtschaftsinformatik-Physik (CWIP)*. Band 3, Auflagen-Nr. 1.0. ISBN: 9783759705549.

Kolek, Erik (2024). Über die technologischen Grundlagen der interstellaren Raumfahrt. In: *Chroniken der Wirtschaftsinformatik-Physik (CWIP)*. Band 3, Auflagen-Nr. 1.0. ISBN: 9783759705549.

Erster Abschnitt: Über die Grundlagen einer Theorie von Allem

Wissenschaftliche Zitierung:

Kolek, Erik (2024). Über eine vereinheitlichte Theorie von Allem zur Erklärung des gesamten Universums. In: *Über die technologischen Grundlagen der interstellaren Raumfahrt*. Chroniken der Wirtschaftsinformatik-Physik (CWIP). Band 3, Auflagen-Nr. 1.0.

Erik Kolek (2024)

Über eine vereinheitlichte Theorie von Allem zur Erklärung des gesamten Universums

Zusammenfassung

Die Frage ob das Universum ein dunkles oder helles Universum darstellt lässt sich leicht beantworten. Es ist ein dunkles Universum mit vielen hellen Punkten bzw. Sternen. Eigentlich müsste unser Universum hell strahlen, jedoch kann angenommen werden, dass dunkle Materie diese helle Strahlung absorbiert. Aber was ist das Universum und wie ist es entstanden? Das ist eine Frage mit der sich bereits viele Wissenschaftler auseinandersetzten wie Albert Einstein und Stephen Hawking. Hat das Universum einen Anfang und wird es ein Ende geben? Sind ein Urknall und Endknall möglich also denkbar? Das kommt auf die Betrachtungsweise an. In diesem Forschungsbeitrag gilt die Prämisse, dass sich unser Universum als eine Blase innerhalb eines riesigen Schwarzen Lochs gebildet hat. Es handelt sich hierbei um eine expandierende Blase die sich nach außen hin vergrößert. Jedoch ist Größe relativ genauso wie die Zeit. Unser Universum könnte auch viel kleiner sein als eigentlich angenommen. Bisherige Erkenntnisse bleiben bei dieser Prämisse unberührt, das bedeutet, dass die Annahme eines Blasenuniversums keinen Widerspruch zu bestehenden Annahmen darstellt. Wie sich zeigen wird, ist es sehr einfach unter dieser Prämisse eine möglicherweise gültige Weltformel zu finden. Diese Weltformel

Kolek, Erik (2024). Über die technologischen Grundlagen der interstellaren Raumfahrt. In: *Chroniken der Wirtschaftsinformatik-Physik (CWIP)*. Band 3, Auflagen-Nr. 1.0. ISBN: 9783759705549.

könnte dazu beitragen, dass wir ein völlig neues Verständnis von unserem Universum erlangen können.

Über eine vereinheitlichte Theorie von Allem zur Erklärung des gesamten Universums

Wenn sich also das Universum innerhalb eines riesigen Schwarzen Lochs befindet und alles wie eine riesige Blase aufgebaut ist, dann ist es möglich, dass es in diesem oder in anderen Schwarzen Löchern weitere Blasenuniversen geben könnte. Der Rand dieser Blasenuniversen müsste hellrot scheinen vor Reibung an der dunklen Materie des außenliegenden Schwarzen Lochs bzw. dessen Ereignishorizonts [6]. Annahmen wie das Schwarze Löcher eigentlich Tore zu anderen Universen darstellen werden so wahrscheinlicher, jedoch gibt es keinen Weg von außen hinein in ein Blasenuniversum. Innerhalb des Blasenuniversums sind Sterne genauso wie Schwarze Löcher verteilt.

Eine mathematisch wahrscheinlichste Weltformel sowie Weltformel mit der einfachsten Erklärung für Alles könnte wie folgt lauten:

$$\sum c = \sum s = \sum ((h * c^3) / (8 * \pi * G * M * k))$$

Es handelt sich hierbei um die Hawking-Strahlung [3, 4, 5], die als Summe geschrieben wurde um deren Bezug zu einem Blasenuniversum zu verdeutlichen. Die Annahme eines flachen Universums scheidet hiermit aus. Wenn Licht immer gleich schnell ist, bedeutet das, dass Zeit immer gleich schnell vergeht und der Raum gleich groß sein kann. Denn die Geschwindigkeit ist gleich der Strecke.

Auf dieser Art und Weiße entsteht ein neues Entstehungsmodell der Universen in der Physik. Im selben Moment wie ein Schwarzes Loch aus einer Sternenexplosion bzw. vielmehr Sternenimplosion entstehen könnte, entstehen null bis n neue Blasenuniversen innerhalb des gigantischen Schwarzen Lochs. Der Urknall könnte also auch eine Sternenexplosion in der Form eines Blub gewesen sein. Darauf erwärmt

Kolek, Erik (2024). Über die technologischen Grundlagen der interstellaren Raumfahrt. In: *Chroniken der Wirtschaftsinformatik-Physik (CWIP)*. Band 3, Auflagen-Nr. 1.0. ISBN: 9783759705549.

sich jedes Schwarze Loch wieder bis schließlich wieder eine Sonne entsteht bzw. entflammt und damit alle Universen verbrennen bzw. aufhören zu existieren. Der Sternenofen ist nie ganz aus, sondern er erwärmt sich durch die Reibung wieder bis der Flammpunkt erreicht ist. Der Ursprung von Allem ist also ein riesiger Stern, der durch eine Explosion bzw. vielmehr Implosion zu einem Gigantischen Schwarzen Loch wurde. Im genaueren Sinne handelt es sich hierbei jeweils um eine Krümmungssingularität aufgrund der unendlichen Gravitation der schweren Massen der Sterne beziehungsweise schwarzen Löcher. Das gesamte Universum repräsentiert demnach eine einzige Krümmungssingularität nach Albert Einstein [1, 2]. Die zweite Form der Singularität ohne Krümmung kann demnach nicht in der Natur bzw. Physik existieren.

Innerhalb der Krümmungssingularität kann sich jedes Schwarze Loch wieder entzünden. Es ist sogar denkbar dass ein Schwarzes Loch außerhalb des Ereignishorizontes [6] eine Kernfusion wie das eines Sterns am laufen hat. Anders ausgedrückt im inneren einer Sonne könnte sich auch ein Schwarzes Loch befinden. Beispielsweise könnte ein Schwarzes Loch einen Stern aufgezogen haben, während es an diesem Stern sehr nahe vorbeiflog. Kugelringförmige Sterne wären also mit einem Schwarzen Loch als Kern durchaus denkbar.

Was ist also die vereinheitlichte Theorie von Allem? Es ist eine Theorie die verschiedene Theorien umfasst, so zum Beispiel die allgemeine Relativitätstheorie von Albert Einstein [1, 2] aber auch die Quantentheorie der Materie. Diese Theorie beinhaltet eine umfassende Betrachtungsweise der Dimensionen unseres Universums. Es sind mindestens vier Dimensionen wahrscheinlich, jedoch ist es möglich, dass bis zu elf oder zwölf Dimensionen existieren könnten, insbesondere wenn zwei verschiedene Punktereignisse betrachtet werden. Die Erfahrung zeigt, dass wir Dimensionen größer als vier nicht mehr mit unseren Sinnen wahrnehmen können. Ab der fünften Dimension beginnt sich alles zu verdrehen. Diese Sichtweise müsste aussehen wie die einer Kugel in der viele Wellen und Teilchen der Photonen wild

Kolek, Erik (2024). Über die technologischen Grundlagen der interstellaren Raumfahrt. In: *Chroniken der Wirtschaftsinformatik-Physik (CWIP)*. Band 3, Auflagen-Nr. 1.0. ISBN: 9783759705549.

umher prasseln. Es wäre eine sehr gekrümmte Wahrnehmung, welche unsere Augen uns zeigen würden. Vor allem die Menge der Photonen würden wunderschöne Lichtspiele und Lichterscheinungen darstellen.

Die vereinheitlichte Theorie von Allem kann auch als eine Art Matrix betrachtet werden. Diese Matrix muss alle bisherigen Erkenntnisse über das Universum beinhalten. Nichts darf verloren gehen. Ansonsten würden sich schnell Widersprüche bilden, die es zu vermeiden gilt, insbesondere bei der Theoriebildung einer vereinheitlichten Sichtweise hinsichtlich des gesamten Universums. Mit diesem verbesserten Verständnis des Universums müsste eine bessere das heißt fortschrittlichere Raumfahrt möglich werden.

Gemäß der Erfahrung sind unsere Raketenraumschiffe bereits veraltet und sollten gegen modernere Raumschiffe ausgetauscht werden. Diese modernen Raumschiffe sind orientierbar an der Fernsehserie Star Trek, denn die Annahme, dass solche Raumschiffe nicht realisierbar wären ist mit der vereinheitlichten Theorie von Allem eine verworfene Hypothese. Sind also Geschwindigkeiten größer als die der Lichtgeschwindigkeit doch denkbar? Eine mögliche Antwort hierauf lautet, dass Licht eine begrenzte Geschwindigkeit hat, jedoch müssten sehr große wie auch sehr kleine Körper darüber hinaus zu beschleunigen sein wie zum Beispiel Elektronen. Nur weil wir bisher noch keinen Körper annähernd der Lichtgeschwindigkeit beschleunigt haben, ist letztere Aussage nicht unmöglich zu realisieren. Im luftleeren Raum unseres Universums gibt es so gut wie keine Reibung, die eine Reise mit mehr als der Lichtgeschwindigkeit beeinflussen könnte. Ein Überlichtantrieb oder Warpantrieb müsste also entwickelt werden. Es handelt sich hierbei um einen speziellen Teilchenbeschleuniger, der mit zwei Gondeln am Raumschiff angebracht ist. Letztere Ansicht ist bekannt aus der Serie Star Trek Enterprise. Die eigentliche Raumschiffsektion ist demnach vorne elliptisch bzw. oval untergebracht.

Der spezielle Teilchenbeschleuniger ist demnach aufgebaut in zwei voneinander getrennten Gondeln innerhalb der die eigentliche physikalische Reaktion stattfindet.

Kolek, Erik (2024). Über die technologischen Grundlagen der interstellaren Raumfahrt. In: *Chroniken der Wirtschaftsinformatik-Physik (CWIP)*. Band 3, Auflagen-Nr. 1.0. ISBN: 9783759705549.

Diese Reaktion beinhaltet das aufeinandertreffen von Teilchen wie es innerhalb von Teilchenbeschleunigern auf der Erde der Fall ist. Nur mit dem Unterschied, dass diese Teilchenbeschleuniger direkt nur gerade aus die Teilchen beschießen, so entsteht ein kleiner Gravitationsfeldeffekt der das geschlossene System im Vakuum unseres Weltalls bewegt. Das System bewegt sich mit jedem Teilchenbeschuss immer schneller, da es an Reibung in unserem Weltall fehlt. Die Idee das ein Teilchenbeschleuniger einen Warpantrieb darstellen kann ist überaus phantastisch aber auch genial zugleich. Das geschlossene System bewegt sich umso schneller umso mehr Teilchen beschossen werden. Letztere kann nur im luftleeren Raum unseres dunklen Universums funktionieren.

Die vereinheitlichte Theorie von Allem kann auch als Einstein-Hawking-Theorie bezeichnet werden. Im Rahmen dieser Theorie sind nur die Publikationen von Albert Einstein [1, 2] und Stephen Hawking [3, 4, 5] relevant. Alle anderen Arbeiten anderer Autoren sind demnach nicht zu gebrauchen. Die Brücke zwischen der Quantenphysik und der Astrophysik liegt in den Arbeiten von Albert Einstein [1, 2] und Stephen Hawking [3, 4, 5] verborgen. Eine Ausnahme jedoch stellt Werner Heisenbergs Unschärferelation dar, nach der die Teilchen entweder in ihrer Position oder Geschwindigkeit bestimmbar sind. Zu beachten ist, nur weil sehr große wie auch sehr kleine Körper sich bewegen können, muss deswegen keine Zeit vergehen. Zeit ist also eine Illusion, wir messen sie lediglich mit unseren Uhrzeigermaschinen. Wenn es also keine Zeit gibt, dann kann es auch keinen freien Willen geben. Diese Erkenntnis ist weitreichend denn dann würde bereits alles im Universum bestehen und wir müssten uns um nichts kümmern und sorgen. Letzteres stimmt mit den Aussagen von Stephen Hawking in seinen Büchern überein, denn auch er zweifelte einen freien Willen an. Wir sind scheinbar das was uns das Universum vorgibt zu sein (wenn wir wollen).

Bei der Annahme von Blasenuniversen innerhalb von Schwarzen Löchern handelt es sich um eine speziellere allgemeine Relativitätstheorie von Allem. In jedem Blasenuniversum existiert demnach eine eigene modellbasierte Realität die unser

Kolek, Erik (2024). Über die technologischen Grundlagen der interstellaren Raumfahrt. In: *Chroniken der Wirtschaftsinformatik-Physik (CWIP)*. Band 3, Auflagen-Nr. 1.0. ISBN: 9783759705549.

Verstand für uns bereithält. Für Sterne gilt die bekannte Formel von Albert Einstein [1, 2] $E = mc^2$ und für Schwarze Löcher müsste diese Formel in einem umgekehrten Sinne ebenfalls Geltung haben also $-E = -mc^2$ lauten. Die Lichtkrümmung jedenfalls wurde durch eine Fotoaufnahme einer Sonnenfinsternis bewiesen. Genauso bleibt die Erkenntnis von Edwin Hubble bestehen, dass sich unsere Galaxien in unserem Universum von uns weg bewegen und rot verschoben erscheinen. Genauso würfelt Gott nicht wie Albert Einstein [1, 2] sagte, denn es gibt auch keinen (statistischen) Zufall in unserem Universum sondern höchstens den (esoterischen) Zu-fall. In unserem Universum, das als Blase in einem Schwarzen Loch existieren könnte, ist es möglich, dass jede Gegenwart immer wieder aufs neue beginnt. Letzteres ist ein gedanklicher Hinweise auf einen geschlossenen String. Es existiert Kausalität aber keine Zeit im schwarzen Blasenuniversum.

Wir erinnern uns an das System des Teilchenbeschleunigers 2.0 (Warpantrieb), dessen Abbremsung als $E = mc^2$ und dessen Beschleunigung als $-E = -mc^2$ beschrieben werden kann. Innerhalb des Systems der Warpblase entsteht Supergravitation. Das optimale Raumschiff hat eine Kugelform und einen Ring auf dem Äquator nämlich einen ringförmigen Teilchenbeschleuniger. Letzteres ist einem Elektron nachempfunden, das auf Überlichtgeschwindigkeit beschleunigt werden könnte. Hier gilt es den Magnus-Effekt bzw. Bernulli-Effekt zu beachten, bei dem Strömungen außerhalb des Raumschiffs zu dessen Drehung folgen bei einem kugelförmigen Raumschiff. Der Einsatz von elektromagnetischen Feldern innerhalb des Teilchenbeschleunigers 2.0 verbessert diesen nochmals. Die interstellare (nicht intergalaktische) Raumfahrt erscheint so immer wahrscheinlicher zu werden. Der Lorentz-Faktor ist hierbei zu vernachlässigen, da dieser nur für das Licht von Albert Einstein [1, 2] angenommen wurde.

Wenn genügend schwarze Materie zu einem schwarzen Loch zusammenfällt und dieses durch seine extreme Masse und den extremen Drehimpuls sich erwärmt, kann es zu einer riesigen Explosion beziehungsweise Implosion kommen, den sogenannten

Kolek, Erik (2024). Über die technologischen Grundlagen der interstellaren Raumfahrt. In: *Chroniken der Wirtschaftsinformatik-Physik (CWIP)*. Band 3, Auflagen-Nr. 1.0. ISBN: 9783759705549.

Urknall. Bei einem schwarzen Loch handelt es sich um eine extrem schwere Masse, welche sich annähernd mit Lichtgeschwindigkeit um seine eigene Achse dreht. Es handelt sich hierbei um eine perfekte Kugel, da eine 6. Dimension in der Raum-Zeit existiert. Diese Kugelform wird auf das Universum als Zeitblase übertragen bei der Explosion des schwarzen Lochs. Die Expansion sollte dem Drehimpuls des explodierten schwarzen Lochs entsprechen. Es dürfte hierdurch eine Zeitblase entstehen, welche sich extrem schnell bewegt, sich mit demselben Drehimpuls des schwarzen Lochs dreht und expandiert. Durch die Expansion entsteht am Rande des Universums Hitze und diese Erwärmung sollte am Rand der Zeitblase sichtbar sein als glühen oder helles schimmern. Dies entspricht der Hawking-Strahlung [3, 4, 5] und seinen späteren Annahmen. Es können mehrere Universen simultan entstehen, wobei das Wort Zeit in diesem Zusammenhang mit Vorsicht zu verstehen ist und eher im Sinne eines stetig ablaufenden Naturphänomens in einem Superuniversum das einer perfekten Kugel entspricht.

Jedes gesamte schwarze Universum entsteht aus dem Uruniversum bestehend aus supermassenreicher Anti-Materie. Eine Chaostheorie zum supermassenreichen Uruniversum sagt aus: Kein Universum entsteht solange: (supergravitation) sg gesamtes Universum = sg Uruniversum. Sich bewegende Anti-Materieteilchen reagieren durch Reibung und eine Schock- bzw. Explosionswelle entsteht, dadurch entstehen Universen, die sind durch ihre Ereignishorizonte (Ränder) [6] getrennt. Es gilt: sg gesamtes Universum > sg Uruniversum. Universen können theoretisch wieder verschwinden, sobald gilt: sg gesamtes Universum < sg Uruniversum, jedoch unmöglich da sg unendlich wächst?: $sg\ ur < sg_1 < sg_2 < sg_3 < sg_n$, jede sg-stufe entsteht durch massenabhängigen Ereignishorizont [6], irgendwann könnte Masse für sg ur aufgebraucht sein und sg ur verschwinden, dann sg_1 usw., erste Anzeichen wären das schwarze Löcher im Inneren im Wachstum stagnieren oder gar verschwinden.

Gibt es die Möglichkeit das alles durch einen Endknall endet? Ja, diese Möglichkeit besteht, denn es ist denkbar, dass Blasenuniversen direkt platzen könnten und sich

Kolek, Erik (2024). Über die technologischen Grundlagen der interstellaren Raumfahrt. In: *Chroniken der Wirtschaftsinformatik-Physik (CWIP)*. Band 3, Auflagen-Nr. 1.0. ISBN: 9783759705549.

somit verflüchtigen genauso wie sie entstanden sind. Letzteres könnte aufgrund von Gravitationseffekten passieren. Genauso ist es denkbar, dass ein anderes Blasenuniversum entsteht und mit unserem kollidiert bzw. unser schwarzes Universum überlagert.

Trotz allem ist die vorliegende vereinheitlichte Theorie von Allem immer noch unvollständig. Es wurden einzelne Beiträge erforscht, das liegt an den Theorien und Wechselwirkungen selbst. Es bestehen Lücken nach wie vor. Die Theorie wird niemals vollständig erklärbar sein. Es gibt keine korrekte Weltformel, sondern immer nur eine Form der Weltformel wie in unserem obigen Beispiel beschrieben ist. Die Lichtgeschwindigkeit könnte die Schallmauer des Universums darstellen. Diese Wand ist gewissermaßen eine Lichtmauer bzw. Zeitmauer, welche durchbrochen werden könnte. Gewissermaßen würden hierdurch auch Zeitreisen möglich werden, da alle Ereignisse an jedem Ort durch Menschen in Raumschiffen besucht werden könnten. Das Ganze ist mit einem Körnchen Wahrheit zu nehmen beziehungsweise zu verstehen.

Um nochmals auf die speziellere allgemeine Relativitätstheorie von Allem zurückzukommen, muss gesagt werden, dass Albert Einstein [1, 2] einen ersten Meilenstein bei der Theoriebildung bereits erreicht hatte. Denn er beschrieb das Gravitationsfeld zutreffend mit einer Reihe an Gleichungen. Die Summe der Gravitationsfelder in unserem Universum können sich die Beobachter als ein Supergravitationsfeld vorstellen. Dieses Supergravitationsfeld reibt sich als eine Kraft an der dunklen Materie des außenliegenden schwarzen Lochs. Jedes schwarze Blasenuniversum hat demnach ein Supergravitationsfeld. Durch Reibung entsteht Hitze am äußeren Rand unseres Blasenuniversums. Diese hohe Temperatur T macht sich bemerkbar in der bekannten Gleichung von Albert Einstein [1, 2] erweitert um T denn $E = Tmc^2$. Blasenuniversen und Schwarze Löcher haben also Ereignishorizonte [6] gemeinsam.

Kolek, Erik (2024). Über die technologischen Grundlagen der interstellaren Raumfahrt. In: *Chroniken der Wirtschaftsinformatik-Physik (CWIP)*. Band 3, Auflagen-Nr. 1.0. ISBN: 9783759705549.

Stephen Hawking bezeichnete in seinen Büchern diese von mir eingeführten Blasenuniversen auch als Babyuniversen. Der Unterschied liegt in der angenommenen Größe dieser Universen, denn wie der Name schon andeutet sind Babyuniversen innerhalb von Schwarzen Löchern als sehr klein zu betrachten, während Blasenuniversen als sehr groß zu betrachten sind. Welche Form von Universen sind demnach wahrscheinlicher anzutreffen Babyuniversen oder Blasenuniversen? Diese Frage soll im Folgenden beantwortet werden.

Beide Formen von Universen also Blasenuniversen und Babyuniversen könnten innerhalb von Schwarzen Löchern anzutreffen sein, dort entstehen sie durch einen Blub oder Urknall genannt. Wie genau es zu diesem Blub kommt, wird an späterer Stelle erklärt. Hier geht es um die Diskussion ob es Babyuniversen beziehungsweise Blasenuniversen in der physikalischen Wirklichkeit gibt. Durch den Blub entsteht das Universum, dabei handelt es sich stets um ein Blasenuniversum, denn dessen Größe ist relativ. Der Name Babyuniversum kann auf dessen Alter hinweisen. Junge Blasenuniversen könnten auch als Babyuniversen bezeichnet werden. Babyuniversen können also auch Blasenuniversen darstellen, denn diese könnten sehr jung und sehr klein sein. Unser Blasenuniversum dagegen ist sehr groß und sehr alt etwa 15 Milliarden Jahre wie wir annehmen. Wichtig ist zu erwähnen, dass unser schwarzes Blasenuniversum immer noch expandiert, das bedeutet, die Blase vergrößert sich immer noch.

Wie entsteht also innerhalb eines Schwarzen Lochs ein Blub? Es handelt sich hierbei um einen Effekt im Gravitationsfeld des Schwarzen Lochs, denn dieses ist so extrem mächtig, dass es zu einer Teilung des Gravitationsfeldes kommen könnte. Es könnte innerhalb des Schwarzen Lochs ein Hohlraum entstehen den wir Blasenuniversum nennen. Letzteres besitzt ein eigenes Gravitationsfeld das Supergravitationsfeld. Der Blub ist ein Effekt der entsteht weil es im inneren des Schwarzen Lochs zu unvorstellbaren Temperaturen kommen könnte. Es ist wie bei einem Kochtopf auf dem Herd dessen Wasser durch das erhitzen Blasen bildet. Diesen einfachen

Kolek, Erik (2024). Über die technologischen Grundlagen der interstellaren Raumfahrt. In: *Chroniken der Wirtschaftsinformatik-Physik (CWIP)*. Band 3, Auflagen-Nr. 1.0. ISBN: 9783759705549.

physikalischen Effekt kann auch für die Erklärung des Blubs innerhalb des Schwarzen Lochs herangezogen werden. Es ist also vorstellbar, dass ein Blasenuniversum wie das unsere auf einen Schlag entstanden ist und seither eine Expansion stattfindet. Letzteres stimmt mit den heutigen Annahmen in der Physik gemäß der Erfahrung überein.

Die vereinheitlichte Theorie von Allem beschreibt also auch einen völlig neuen Ansatz wie unser Universum entstanden sein könnte. Es handelt sich hierbei um eine Erweiterung demgemäß der Urknall als Blub innerhalb eines riesigen Schwarzen Lochs stattgefunden haben könnte. Diese Annahme lässt neue weitreichende Erkenntnisse über die Raumzeit zu. Denn ein Raum als auch die Zeit innerhalb eines Schwarzen Lochs verhalten sich anders als wenn es sich hierbei lediglich um ein Universum handeln würde. Das Blasenuniversum hat also eine speziellere Raumzeit die anderen physikalischen Gesetzen unterliegen sollte. Das betrifft vor allem die Frage ob es tatsächlich möglich sein sollte sich schneller zu bewegen wie das Licht. Bisher wurde angenommen, dass lediglich das Licht eine Geschwindigkeit von 300.000 km/s erreichen kann und das ein Raumschiff diese Geschwindigkeit höchstens annähernd erreichen könnte. Aber es ist vorstellbar innerhalb einer Blase in einem Schwarzen Loch durchaus schneller zu reisen als mit 300.000 km/s, denn hier gibt es andere physikalische Gesetze. Es sollte bei diesen Geschwindigkeiten zu einer extremen Reibung innerhalb des Vakuums unseres Weltalls kommen und es sollte um das Raumschiff herum zu einem kleinen aber vorhandenen Supergravitationsfeld kommen. Letzteres beschreibt den allgemein bekannten bzw. populären Begriff der Warpblase. Eine Warpblase ist eine Blase innerhalb unseres Blasenuniversums im Schwarzen Loch die sich um das Raumschiff herumlegt. Rein physikalisch müsste also ein Warpantrieb vorstellbar sein zu realisieren.

Innerhalb eines Schwarzen Lochs könnte es zu Vibrationen der schwarzen Materie kommen, welche ähnlich denen von Erdbeben zu einem Blub führen könnten. Diese Erschütterungen müssten sehr stark ausgeprägt sein, so dass in ihrem Zentrum eine

Kolek, Erik (2024). Über die technologischen Grundlagen der interstellaren Raumfahrt. In: *Chroniken der Wirtschaftsinformatik-Physik (CWIP)*. Band 3, Auflagen-Nr. 1.0. ISBN: 9783759705549.

Teilung des Gravitationsfeldes zustande kommen könnte. Hierdurch würde der Blub entstehen können, jedenfalls in der Theorie. Den Blub könnte man sich bildlich vorstellen wie die entstehende Blase in einem heißen Teergebilde. Diese Blase wäre an ihren Rändern unvorstellbar heiß und im Inneren wohl temperiert. Ein Urknall in der Form einer Blasenbildung müsste also auch ohne extrem hohe Temperaturen im Inneren denkbar sein. Eine Abkühlung unseres schwarzen Blasenuniversums müsste so überflüssig erscheinen. Diese Abkühlung wäre also direkt erfolgt und nicht im Laufe von Milliarden von Jahren. Ein Blub bzw. Urknall muss also nicht unbedingt so heiß gewesen sein. Ein Blub als angenommener Urknall könnte also durchaus möglich sein. Die Konsistenz der Blase würde sich dann von seiner inneren Beschaffenheit abhängig machen. Ein gleichmäßig erwärmte Blase im Inneren sollte nach außen hin sehr stabil sein. Ein plötzliches Platzen unseres schwarzen Blasenuniversums sollte hiermit vorerst gedanklich ausgeschlossen sein. Letzteres könnte bildlich dem Bestehen einer heißen Teerblase koinzident sein.

Die vereinheitlichte Theorie von Allem vereinigt die starke Kraft, die schwache Kraft, den Elektromagnetismus und die Gravitation. Letzteres wird dadurch möglich, weil es sich hierbei um eine spezielle Form einer allgemeinen Relativitätstheorie von Allem handelt. Diese beinhaltet die allgemeine Relativitätstheorie von Albert Einstein [1, 2] genauso wie die Quantentheorie der Materie. Sehr große als auch sehr kleine Körper werden in ihrer jeweiligen Physik beschrieben. Unser schwarzes Blasenuniversum als ein sehr großer Körper beinhaltet viele sehr kleine Körper gemäß seiner Natur. Im Inneren sind unzählbare Sterne und Schwarze Löcher platziert, die ihre eigenen physikalischen Zustände haben. Eine Entropie bezieht sich in diesem Zusammenhang auf die vorherrschende Temperatur T als auch auf den vorliegenden Chaos. Nichts geschieht zufällig sondern innerhalb der Chaostheorie fast wie geplant. Eine Entstehung von Leben innerhalb des schwarzen Blasenuniversums erscheint ohne etwas Chaos kaum denkbar zu sein. Sehr kleine Körper wie Lebewesen könnten ein Indiz für eine funktionierende Weltbetrachtung sein. Wir Menschen jedenfalls werden in diesem unserem schwarzen Blasenuniversum noch eine weitreichende

Kolek, Erik (2024). Über die technologischen Grundlagen der interstellaren Raumfahrt. In: *Chroniken der Wirtschaftsinformatik-Physik (CWIP)*. Band 3, Auflagen-Nr. 1.0. ISBN: 9783759705549.

Rolle spielen. Letzteres sollte nur gelingen, wenn wir unsere momentanen Konflikte und kriegerischen Handlungen einstellen und wieder lernen gemeinsam zu handeln. Nur gemeinsam ist es möglich, den Weltall und alle darin enthaltenen Wunder der Natur zu erkunden. Eine Einheit der Menschen ist ganz im Sinne einer vereinheitlichten Theorie von Allem.

Referenzen

[1]   A. Einstein (1905). Ist die Trägheit eines Körpers von seinem Energiegehalt abhängig? *Annalen der Physik* 18(13), pp. 639–641.

[2]   A. Einstein (1916). Die Grundlage der allgemeinen Relativitätstheorie. *Annalen der Physik* 354(7), pp. 769–822.

[3]   S. W. Hawking (1974). Black hole explosions?. *Nature*. 248 (5443): pp. 30–31.

[4]   S. W. Hawking (1975). Particle creation by black holes. *Communications in Mathematical Physics*. 43 (3): pp. 199–220.

[5]   S. W. Hawking, M. J. Perry, and A. Strominger (2016). Soft Hair on Black Holes. *Phys. Rev. Lett.* 116, No. 23, 231301.

[6]   K. Schwarzschild (1916). Über das Gravitationsfeld eines Massenpunktes nach der Einsteinschen Theorie. *Sitzungsberichte der Königlich Preussischen Akademie der Wissenschaften* 7, pp. 189–196

Inhaltsübersicht

In diesem Forschungsartikel wird eine vereinheitlichte Theorie von Allem entwickelt. Dies ist eine mögliche vereinheitlichte Theorie von Allem. Es könnte also auch andere Theorien geben. In dieser Theorie wurde unser Universum jedoch durch einen Blub

Kolek, Erik (2024). Über die technologischen Grundlagen der interstellaren Raumfahrt. In: *Chroniken der Wirtschaftsinformatik-Physik (CWIP)*. Band 3, Auflagen-Nr. 1.0. ISBN: 9783759705549.

oder Urknall aufgrund der Gravitationsfeldveränderungen innerhalb eines riesigen Schwarzen Lochs geschaffen.

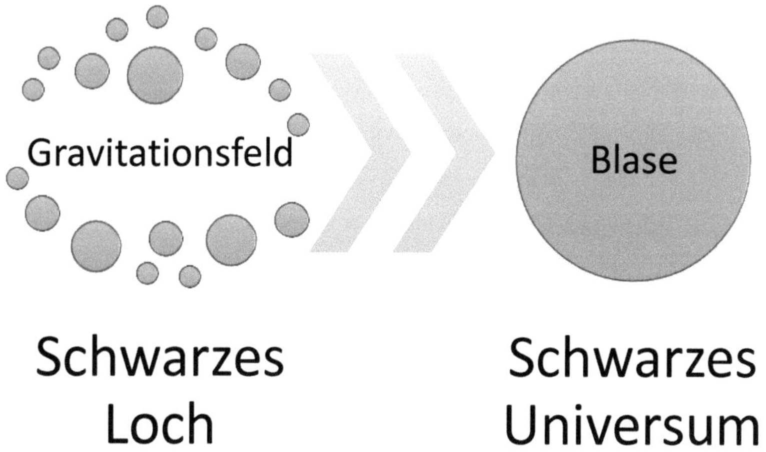

Abbildung 1. Inhaltsübersicht dargestellt durch die Bedeutung einer vereinheitlichten Theorie von Allem.

Zweiter Abschnitt: Über die Grundlagen der Lichtresonanztomographie, einer Visierquantentechnologie und Energieimpulstechnologie

Wissenschaftliche Zitierung:

Kolek, Erik (2024). Eine fortschrittliche Molekulartheorie der Körperzellen als Grundlage der Quantenmedizin und Entwicklung eines Lichtresonanztomographie-Geräts. In: *Über die technologischen Grundlagen der interstellaren Raumfahrt.* Chroniken der Wirtschaftsinformatik-Physik (CWIP). Band 3, Auflagen-Nr. 1.0.

Erik Kolek (2024)

Eine fortschrittliche Molekulartheorie der Körperzellen als Grundlage der Quantenmedizin und Entwicklung eines Lichtresonanztomographie-Geräts

Zusammenfassung

Beginnend bei einer fortschrittlichen Molekulartheorie der Körperzellen die Licht auf die RDNA-Komplexstruktur von Lebewesen wirft werden auch Aussagen über Mikroben und Milieus innerhalb von Planetenatmosphären eröffnet. Diese Grundlage der Quantenmedizin dient der Entwicklung einer fortschrittlichen rein medizinischen Photonenstrahlungstechnologie. Es handelt sich dabei um die auf dem elektrodynamisierten Photoeffekt von Albert Einstein basierende Lichtresonanztomographie, welche als eine Folge ein computer- und informationssystemgestütztes Biobett und damit eine Krankenstation für allgemeine Quantenmediziner und deren Patienten gestattet. Das sollte für alle Arten von Lebewesen der Beginn des nächsten Jahrhunderts in der Medizin sein. Natürlich ist Erik Kolek kein Arzt und daher sind alle Informationen selbst zu hinterfragen.

Kolek, Erik (2024). Über die technologischen Grundlagen der interstellaren Raumfahrt. In: *Chroniken der Wirtschaftsinformatik-Physik (CWIP)*. Band 3, Auflagen-Nr. 1.0. ISBN: 9783759705549.

Eine fortschrittliche Molekulartheorie der Körperzellen als Grundlage der Quantenmedizin und Entwicklung eines Lichtresonanztomographie-Geräts

Auf Grundlage einer fortschrittlichen Molekulartheorie hinsichtlich von lebenden Zellkörpern kann die Quantenmedizin in allgemeiner Form mithilfe der euklidischen Geometrie abgeleitet werden. Für eine einzige Körperzelle gilt daher stets folgende rein mathematische Annahme:

(1) $RNA_{ik} + DNA_{ik} = 1$.

Eine einzelne Körperzelle eines Lebewesens besteht also immer aus einer gewissen Relation bestehend aus einem mehrdimensionalen Komplex von Ribonukleinsäure (RNA) und mehrdimensionalen Komplex von Desoxyribonukleinsäure (DNA). Diese Relation kann von Zelle zu Zelle unterschiedlich sein. Pathologische Veränderungen der Zelle können dann vorliegen, wenn die RNA_{ik} im Ganzen einen größeren Anteil einnehmen als die DNA_{ik} im Ganzen im Komplex der Zelle. Gemäß der Vererbungslehre kann hierdurch ein Schaden an der Gesamtstruktur der Körperzelle entstehen und weiter vererbt werden. Hierdurch kommt auch die Mannigfaltigkeit einer jeden lebenden Körperzelle zum Ausdruck. Um die Mannigfaltigkeit einer einzelnen mehrdimensionalen Körperzelle zu berücksichtigen sind die Faktoren m und n in (1) zu integrieren. Daraus folgt rein mathematisch:

(2) $mRNA_{ik} + nDNA_{ik} = mn$.

Übereinstimmend mit der euklidischen Geometrie kann sich nach (2) eine Körperzelle bildlich mathematisch vereinfachend wie ein zweidimensionaler Kreis beziehungsweise physikalisch wirklich vorhanden wie ein mehrdimensionales Ellipsoid (3) vorgestellt werden. Wird von außen die Größe m der RNA_{ik} erhöht, so wächst auch das Produkt mn und damit die Körperzelle im Ganzen. Das erklärt auch allgemein den Wachstumsprozess einer einzigen Körperzelle. Deswegen sollte stets als ein quantenmedizinischer Ratschlag eine (künstliche) ungleichförmige

Kolek, Erik (2024). Über die technologischen Grundlagen der interstellaren Raumfahrt. In: *Chroniken der Wirtschaftsinformatik-Physik (CWIP)*. Band 3, Auflagen-Nr. 1.0. ISBN: 9783759705549.

Veränderung der Faktoren m und n vermieden werden, um pathologischen Veränderungen der Körperzelle entgegen wirken zu können, also um beispielsweise Krebs mit einer DNA-Komplex stärkenden bzw. ausgleichenden Pille möglicherweise heilen zu können. Nachfolgend soll die erwähnte zweidimensionale Oberfläche eines Kreises beziehungsweise mehrdimensionale Oberfläche eines Ellipsoids nach Gauss repräsentativ für eine Körperzelle betrachtet werden. Anstatt dem Produkt mn führen wir nun wie das Albert Einstein (2009) methodisch vornimmt die Invariante ds^2 ein.

(3) $ds^2 = RNA_{11}dDNA_{11}^2 + 2RNA_{12}dDNA_{11}dDNA_{12} \ldots + RNA_{44}dDNA_{44}^2$ (vgl. Einstein, 2009, S. 59)

Mittels (3) wird die neu abgeleitete komplexe RNA-DNA-Struktur einer Körperzelle leicht nachvollziehbar. Es handelt sich hierbei um ein vierdimensionales Raum-Zeit-Kontinuum einer Körperzelle, dass auch nicht-euklidische Formen annehmen kann. Nicht-euklidische Formen sind durch die Betrachtung der Oberfläche mittels Gauss berücksichtigt und daher möglich. Für den Allgemeinfall einer (annähernden) euklidischen komplexen RNA-DNA-Struktur einer Körperzelle gilt also folgende Ausdrucksweise.

(4) $ds^2 = dRDNA_1^2 + dRDNA_2^2 + dRDNA_3^2 + dRDNA_4^2$ (vgl. Einstein, 2009, S. 59)

Aufgrund der neu abgeleiteten komplexen RNA-DNA-Strukturen (3) und (4) wird schnell ersichtlich, dass (künstliche) Veränderungen der Körperzellstrukturen immer pathologisch sein müssen, dabei sind stets RNA und DNA fest miteinander verbunden und daher als RDNA formuliert, wodurch eine positive RNA-Komplex-Veränderung auch immer eine negative DNA-Komplex-Veränderung bewirkt und umgekehrt bewirkt eine positive DNA-Komplex-Veränderung immer eine negative RNA-Komplex-Veränderung jeweils innerhalb der Körperzelle. Es kommt also stets zu einem Absterben der betroffenen Körperzellen (Krebsbefall) und im umgekehrten Fall stets zu einem Aufleben der betroffenen Körperzellen (Krebsheilung). Zeitlich gedachte langfristige negative Folgen an der RDNA-Komplex-Struktur insbesondere durch Vererbung können derzeit auch nicht mit der Quantenmedizin behandelt

Kolek, Erik (2024). Über die technologischen Grundlagen der interstellaren Raumfahrt. In: *Chroniken der Wirtschaftsinformatik-Physik (CWIP)*. Band 3, Auflagen-Nr. 1.0. ISBN: 9783759705549.

werden. Eine entsprechende Pille zur Stärkung des DNA-Komplexes mit ausgleichender Auswirkung auf den RNA-Komplex (Krebsheilung) erscheint jedoch denkbar, aber mit dieser Pille können wahrscheinlich keine vererbten dadurch verfestigten DNA-Komplex-Schäden beseitigt werden, da die komplexe RDNA-Ausgangsstruktur in der Körperzelle bereits beschädigt ist. Die Quantenmedizin als eine fortschrittliche Art der Medizin unterscheidet aufgrund der allgemein in jedem Lebewesen vorhandenen komplexen RDNA-Strukturen der Körperzellen gemäß der Natur nicht mehr zwischen Human Medizin und Veterinärmedizin. Bei der Quantenmedizin handelt es sich also um eine vereinheitlichte Medizin für jede Art von Lebewesen.

Die Quantenmedizin beschäftigt sich inhaltlich auch mit den kleinsten Lebewesen, welche in Kontakt mit einzelnen Körperzellen kommen können. Diese kleinsten Lebewesen sind in der physikalischen Natur des Raum-Zeit-Kontinuums allgemein alle Arten von Mikroben, die auf allen Arten von Planeten vorkommen können und fortfolgend quantenmedizinisch begründet zusammengefasst als Mikroben bezeichnet werden. Hingewiesen sei an dieser Stelle direkt auf den medizinischen Mikrobiologen Louis Pasteur, der bekanntlich meinte, dass lediglich das Milieu krank wäre und die Mikrobe damit eigentlich nichts zu tun habe. Diese Aussage soll nun mittels der theoretischen Quantenmedizin überprüft werden, um eventuell bestehende Gefahren für Menschen bei der Kolonisation von Planeten aufzudecken.

Mikroben innerhalb von Planetenatmosphären. Höchstwahrscheinlich hat die Brownsche Bewegung (Einstein, 1905, 1906) hier einen entscheidenden Einfluss auf die Bewegung der Mikroben innerhalb von erwärmten Gasen und Flüssigkeiten. Dazu soll vereinfachend angenommen werden, dass die Mikroben eine Kugelform haben und sich bewegen und auch rotieren können innerhalb einer Planetenatmosphäre. Hinsichtlich der Größe der Mikroben müsste eigentlich klar sein, dass deren Größe nicht der Größe der Luftteilchen (zum Beispiel Sauerstoff O_2) gleichen kann, weil die Mikroben selbst sonst nicht atmen und damit nicht lebensfähig wären, wenn allgemein

Kolek, Erik (2024). Über die technologischen Grundlagen der interstellaren Raumfahrt. In: *Chroniken der Wirtschaftsinformatik-Physik (CWIP)*. Band 3, Auflagen-Nr. 1.0. ISBN: 9783759705549.

der Definition von atmenden Lebensformen gefolgt wird. Mikroben sind demnach größer als die Gasteilchen, deswegen können sie sich zwischen den Gasteilchen bewegen und sogar deren Bewegungsimpulse zur Beschleunigung nutzen, dabei wird der notwendige Sauerstoff O_2 wahrscheinlich im Großteil über deren Hautoberfläche aufgenommen. Mikroben können jedoch innerhalb von Planetengasen nicht lange überleben, da diese genauso wie alle anderen atmenden Lebensformen Nahrung in der Gestalt von Zellkernen (RDNA) benötigen, deswegen wäre es natürlich vorstellbar, dass sie sich bei Nahrungsmangel gegenseitig fressen, aber auch gleichermaßen alle Arten von Lebewesen wie Pflanzen, Tiere und Menschen befallen könnten, denn Mikroben fühlen sich am wohlsten in warmen Flüssigkeiten wie Wasser und einem wässrigen rötlichen Metallhydroxid (Metallwasserlösung), das dank der medizinischen Quantenchemie in Verbindung mit der RDNA-Komplex-Zellstruktur ein neues vielversprechendes Heilungspotenzial hinsichtlich der körperlichen Funktionsforschung in vitro mit Zellproben eingelegt in einem bestimmten Metallhydroxid unter Zugabe von bestimmten Nährstoffen wie Aminosäuren denkbar macht. Solange also Mikroben außerhalb von warmen Flüssigkeiten in Körpern bewegt sind, stellen diese keine Gefahr für das Milieu dar, hier liegt wohl Pasteur weiterhin richtig. Ansonsten würden alle Arten von Lebewesen in der Planetenatmosphäre direkt absterben, eben weil sie atmen, hierbei werden zwar durchgehend einige Mikroben eingeatmet, diese können sich jedoch von alleine aus der Gasatmosphäre herausgefiltert kaum im Milieu absetzen, da das Milieu über ausreichende Abwehrfunktionen verfügt.

Milieus innerhalb von Planetenatmosphären. Anders sieht es aus wenn in warmen Flüssigkeiten suspendierte Mikroben, wie in der Brownschen Bewegung durch Einstein (1905, 1906) beschrieben, beschleunigt durch Milieus von anderen Milieus eingeatmet werden, denn in diesen ausgeatmeten Zellproben haben sich die Mikroproben bereits durch Mitose deutlich vermehrt. Innerhalb von beengten Raum-Zeit-Kontinuos (wie in einem kleinerem Raum gegeben) können daher Ansteckungen mit Mikroben erfolgen, auch noch innerhalb diverser metrischer Zeiträume, da hier

Kolek, Erik (2024). Über die technologischen Grundlagen der interstellaren Raumfahrt. In: *Chroniken der Wirtschaftsinformatik-Physik (CWIP)*. Band 3, Auflagen-Nr. 1.0. ISBN: 9783759705549.

die Brownsche Bewegung wärmebedingt länger anhält innerhalb der begrenzten vier Dimensionen $dx_{i=4}$. Dasselbe Prinzip ist übrigens auf jedes Sonnensystem anwendbar, jedoch möchte ich das nicht vertiefen, da ich damit auch vom Thema abweichen würde. Nachdem also die Mikroben über die Schleimhäute, welche allgemein die Teilchen aufnehmen und separieren, in das Milieu gelangten und sich immer noch innerhalb ihres warmen Flüssigkeitstropfens wirklich befinden, weil dieser sie auch vor einem direkten Zugriff des Abwehrsystems schützt (anders bei Mikroben die sich zwischen Gasteilchen hin und her bewegen), beginnen sie mit ihrer Vermehrung sobald das Hydroquant in eine Körperzelle zur Temperaturregulation transportiert wird. Angekommen in der Körperzelle wird das Wasserteilchen langsam absorbiert bis nur noch die Mikroben übrig sind. Diese Mikroben befinden sich dann in der Nähe des Zellkerns und versuchen zu diesem Kern vorzudringen, dazu beißen sie sich Stück für Stück vor bis sie dort angekommen sind. Jetzt versorgt der Körper die befallene Mikrobenzelle mit Nährstoffen, wodurch es zu pathologischem Vermehrung der Mikroben einerseits und dadurch zum Wachstum der Zelle anderseits kommen könnte. Letzteres hängt jedoch von der Art der Mikrobe ab. Durch das Wachstum der Zelle werden auch mehr Nährstoffe benötigt, diese werden jedoch durch die Mikroben abgefangen, deswegen stirbt die Zelle allmählich und wird schwarz. Schwarze tote körperliche Quantenzellen sind Mikrotumore, die normalerweise von den Fresszellen des Abwehrsystems beseitigt werden. Werden diese schwereren Schwarzen Lochzellen, die zum Beispiel viel Eisen, Zink und Magnesium enthalten, nicht früh genug durch das Immunsystem abgebaut, kommt es zu pathologischem Wachstum bis die Tumore sichtbar bzw. spürbar sind und operativ entfernt werden müssen. Durch den Abbau der Schwarzen Lochzellen und den darin enthaltenen Metallelementen verfärbt sich das abtransportierende sonst klare Wasser rot auf Quantenebene. In der Quantenmedizin kann daher Blut als ein wässriges rötliches Metallhydroxid (Metallwasserlösung) betrachtet werden.

In der Nähe von Schwarzen Lochzellen halten sich Mikroben nicht gerne auf, deswegen wandern Sie zur nächsten Körperzelle bis diese schließlich irgendwann

Kolek, Erik (2024). Über die technologischen Grundlagen der interstellaren Raumfahrt. In: *Chroniken der Wirtschaftsinformatik-Physik (CWIP)*. Band 3, Auflagen-Nr. 1.0. ISBN: 9783759705549.

plötzlich auf eine Quantenkörperzelle treffen, die sich bereits an den Mikrobenbefall angepasst hat, denn die Fresszellen haben durch ihre Arbeit die Mikroben dekodiert und entsprechende Anti-Körperzellen produzieren lassen in der näheren vierdimensionalen Raum-Zeit-Umgebung. Die notwendigen Informationen dazu werden über das Metallhydroxid weitergegeben mittels RDNA-Komplex-Code der Mikroben. Bekannte Mikroben werden schnell richtig dekodiert, deswegen kommt es nicht bei jedem Mikrobenbefall direkt zu einer Krankheit. Unbekannte Mikroben sind schwieriger zu dekodieren, daher kann es zu Fehlern im gelernten RDNA-Komplex-Code des Immunsystems kommen, die es den Mikroben ermöglicht sich vorerst auszubreiten. Immunisierte Körperzellen sind geschützt vor Mikrobenbefall, weil diese eine bessere DNA-Komplex-Struktur bekommen haben, sozusagen die Mikrobe mit Ihrer RNA-Komplex-Struktur bereits kennen. Versucht die Mikrobe in eine solche Anti-Körperzelle hineinzubeißen, so wird diese durch die veränderte Säure (DNA) aufgelöst, denn ihre Oberfläche kann nun keinen Widerstand mehr leisten. Letztendlich ist also eine RDNA-Komplex-Struktur eines Milieus ein selbstregelndes Körpersystem gegen Mikroben, das so extrem mannigfaltig und modular erscheint, dass hier von außen momentan auch nicht in der Quantenmedizin ein Eingriff notwendig erscheint, um dieses automatisch lernende Immunsystem zu unterstützen. Zwar gibt es scheinbar physikalisch medizinisch begründete Fälle in denen das Einbringen diverser Chemieelemente wirksam erschien, jedoch auch hier handelt es sich lediglich um einen Kontroll- und Lernmechanismus des körperlichen Immunsystems des Milieus, denn es ist nicht bekannt, ob diese Wirksamkeit auch ohne das Einbringen diverser Chemieelemente stattgefunden hätte. Unzählige Erfahrungen des körperlichen Abwehrsystems bleiben auch der Quantenmedizin immer unbekannt, denn die Anzahl der Arten von Mikroben auch innerhalb von Mikrobenstämmen bleibt nicht-euklidisch endlos. Jetzt wird auch klar, dass ein Einbringen von Chemiesubstanzen zum rein psychologischen Schutz vor einer einzigen bestimmten Mikrobe in die Körperzelle sinnlos erscheint, gegebenenfalls sogar feindlich für die Körperzelle sein kann, da zum einen die Ansteckung mit genau

Kolek, Erik (2024). Über die technologischen Grundlagen der interstellaren Raumfahrt. In: *Chroniken der Wirtschaftsinformatik-Physik (CWIP)*. Band 3, Auflagen-Nr. 1.0. ISBN: 9783759705549.

dieser einen einzigen Mikrobe eigentlich physikalisch quantenmedizinisch bereits ausgeschlossen ist durch die Mannigfaltigkeit und Modularität der Natur der Mikrobenzellen. Es könnten sogar Schwarze Lochzellen gefördert werden und damit selbsterzeugte Pathologien. Damit ist auch direkt die Frage beantwortet, ab wann sollten quantenmedizinische Injektionen in die Körperzelle erfolgen. Die Antwort lautet: ab dem ersten Auftreten von Symptomen und nicht vorher, weil in diesem Moment die Körperzelle gesund ist und das auch bleiben soll. Zusammenfassend kann gesagt werden, dass Pasteur hinsichtlich des Milieus die Wahrheit ausdrückt, jedoch muss beziehungsweise kann derzeit noch kein organisch chemischer Schutzmechanismus in die Körperzelle eingebracht werden, der eine physikalisch wirklich existierende Vorsorge begründet, wahrscheinlich auch nicht in der Quantenmedizin, jedenfalls nicht für alle Arten von Mikrobenzellen die in der Natur vorkommen. Das Anzunehmen und auch Anzustreben stellt also eine Illusion dar.

In der modernen Quantenmedizin werden allgemein Injektionen heute anders als in der klassischen Medizin durchgeführt, insbesondere für die subkutane Injektion erscheinen metallische Nadeln vollkommen überflüssig zu sein, denn diese verursachen Schmerzen beim Einspritzen in den Patienten beispielsweise von Medikamenten. Letzteres verursacht psychologisch sogar manchmal dem einen oder den anderen Quantenmediziner schmerzen. Die modernen Injektionsgeräte sind daher völlig anders aufgebaut als das die Menschen heute noch gewöhnt sind, also keine Plastikzylinder mit Nadelspitze vorne dran mehr. Vor allem werden die Injektionsgeräte nicht mehr von Hand durch das medizinische Personal wie Ärzte bedient, sondern per Knopfdruck, das kann sogar durch den Patienten auf Wunsch selbst vorgenommen werden.

Innerhalb des Injektionsgeräts, das ich als quantenmedizinisches Hydrospray bezeichne, befindet sich ein kleiner dreieckförmiger Behälter zur Aufnahme des medizinischen Hydrats. Die Spitze des Dreieckbehälters zeigt dabei nach unten in Richtung der Ausgangsebene, deren Durchmesser in Mikrometern von außen

Kolek, Erik (2024). Über die technologischen Grundlagen der interstellaren Raumfahrt. In: *Chroniken der Wirtschaftsinformatik-Physik (CWIP)*. Band 3, Auflagen-Nr. 1.0. ISBN: 9783759705549.

kreisbasiert verstellbar ist je nach gewünschter Tiefe des vierdimensionalen Raum-Zeit-Bereichs, in den das medizinische Hydrat eingebracht werden muss. Die Beschleunigung des medizinischen Hydrats ersetzt die metallische Nadel und wird durch ein Kompressionsverfahren im Hydrospray erzeugt. Hierbei spielen Druck und Dichte natürlich eine Rolle für die Kompression. Es gilt nach allgemeiner Auffassung:

Kompressionsdichte μ = Dichte Ω – Druck Δ.

Für die Dichte Ω nehmen wir 1 kg pro 1 Liter medizinisches Hydrat an also 1000 kg/m^3 bzw. 1 g/cm^3 als SI-Einheit. Physikalisch mathematisch zu berücksichtigen ist, dass in dem Hydrospray keine Gasteilchen wie Sauerstoff O_2 eingebracht werden dürfen, das hat quantenmedizinische aber auch kompressionsbezogene Gründe. Bei der Verwendung ist deswegen auch das Hydrospray direkt auf die Punktionsstelle aufzulegen, ansonsten müsste noch der Luftdruck berücksichtigt werden. Bei der Punktionsstelle handelt es sich um eine Punktkoordinate, die einfach mittels Laser-Pointer anvisiert wird. Es soll 1 cm Hydratsäule in die Körperzellen über eine willkürlich auswählbare Hautstelle eingebracht werden, dazu werden also 0,001 bar bzw. 100 Pascal (Pa) Druck Δ als gängige SI-Einheit benötigt. Mittels Zahlen soll hier lediglich eine Anschauung erfolgen, da die Arithmetik bereits mittels dem Beweis des Satzes von Fermat $2\mu^\sigma \neq \mu^\sigma$ für eine beliebig wählbare Zahl als wiederlegt gilt. Damit sind Zahlen lediglich geistige Vorstellungen, die nicht in der physikalischen Wirklichkeit der Natur vorkommen. Trotzdem sind Zahlen dazu geeignet, Zusammenhänge in mathematischen Sätzen hinsichtlich der Physik zu erklären. Wir erhalten:

Kompressionsdichte μ = 1 – 0,001 = 0,999.

In dem Hydrospray muss also eine hohe Kompressionsdichte vorliegen, damit auf Knopfdruck die einzubringende Hydratsäule mit einem gezielten Schuss erfolgen kann. Ein Hydrospray gleicht demnach einer medizinischen Atomspritze, bei der die Flüssigmaterie eine sehr hohe Beschleunigung erfährt, sobald ein Atmosphärenausgleich durch die Öffnung des Ausgangsverschlusses stattfindet.

Kolek, Erik (2024). Über die technologischen Grundlagen der interstellaren Raumfahrt. In: *Chroniken der Wirtschaftsinformatik-Physik (CWIP)*. Band 3, Auflagen-Nr. 1.0. ISBN: 9783759705549.

Natürlich stellt sich die Frage wie diese Kompression zu erzeugen ist. Die Antwort lautet über Pneumatik. Es existieren bereits verschiedene Arten von pneumatischen Kompressionsgeräten in der heutigen Medizin, jedoch sind diese groß und komprimieren meistens Luft, daher ist zu erwarten, dass erste tatsächliche Hydrosprays über einen Schlauch mit einem Rollwagen verbunden sein müssen. Später kann dank nanotechnologischer Verkleinerungen der ersten Prototypen die Vorstellung eines handlichen Hydrosprays wirklich umgesetzt werden. Um erste Tests des Hydrosprays durchzuführen sollte ballistische Gelatine zum Einsatz kommen; bitte keine Tierversuche durchführen, da dies allgemein nicht mehr üblich ist in Forschung und Praxis der Quantenmedizin. Jetzt kann sich nicht nur durch das fachmedizinische Personal ein Hydrospray auch wie eine medizinische Wasserpistole vorgestellt werden, die über einen entsprechenden Tank verfügt und mehrmals auch bei verschiedenen Patienten genutzt werden darf ohne medizinisch relevante also beispielsweise hygienische Risiken bei den Patienten einzugehen. So wird Zeit und Geld gespart durch die quantenmedizinische Behandlung und diese wird schmerzfreier und sicherer, das sollte natürlich jeden Patienten freuen, der an einer Nadelphobie leidet. Diese viel angenehmere Art des Einspritzens wird vielen Patienten sicherlich nicht nur innerhalb von Bezugskörperklassen (Raumschiffklassen) die Angst vor Spritzen nehmen beziehungsweise diese zumindest lindern.

Da sofort beim Einspritzen des medizinischen Hydrats eine Bremswirkung durch die Körperzellen entsteht, ist die Einspritztiefe und Hydromasse vorher zu bestimmen. Entsprechende Erfahrungen können mithilfe des Ballistik-Gels gewonnen werden, jedoch ist die Verteilung der Hydroquanten im körperlichen Gewebe verschieden von der Punktion mit einer gewöhnlichen Plastikspritze unterschiedlich zu erwarten. Während bei einer solchen Spritze das Medikament etwas blasenförmig um die Nadel herum verteilt wird ist diese Verteilung beim Hydrospray differenziert zu betrachten. Die Beschleunigung des Hydrats nimmt ungleichförmig ab nach dem Passieren der ersten Hautzellen, denn der eine Mensch hat etwas dickere Haut als der andere

Kolek, Erik (2024). Über die technologischen Grundlagen der interstellaren Raumfahrt. In: *Chroniken der Wirtschaftsinformatik-Physik (CWIP)*. Band 3, Auflagen-Nr. 1.0. ISBN: 9783759705549.

Mensch, dasselbe ist bei anderen Lebewesen gegeben. In jedem Allgemeinfall gemäß der Physik müsste sich eine pilzartige Verteilungsfunktion des Hydrats ergeben, wobei der Stil dieser Funktion unterschiedlich lang sein kann.

Sobald die erwähnten nanotechnologischen Neuerungen mobile stiftartige Hydrosprays ermöglichen, befinden sich innerhalb des Hydrosprays eine Lithium-Batterie oder besser eine mehrdimensionale galvanische Elementverbindung. Bei der Entwicklung von mehrdimensionalen galvanischen Elementverbindungen kann auf die Maxwellschen Feldgleichungen der Elektrodynamik zurückgegriffen werden, insbesondere Elektromagnetismus und Elektrostatik müssten hier voraussichtlich eine Rolle spielen. So sollte eine wirklich langanhaltende Batterie möglich werden und das Hydrospray zumindest längst möglich dauerhaft einsatzbereit halten können. Mobile Hydrosprays haben den Nachteil gegenüber stationären Rollwagenvarianten, dass diese über einen kleineren Tank verfügen werden, da auch die Batterie newtonisch gesagt Platz auf drei Dimensionen einnehmen wird. Genauso wie eine Verbesserung der Batterie erfolgen kann ist es im Maschinenbau auch denkbar, dass die effektive pneumatische Kompression durch eine effizientere elektrodynamische Kompression ersetzbar werden könnte. Eine geeignete physikalische Grundlage hierfür stellt die von Erik Kolek abgeleitete *anti-allgemeine Relativitätstheorie* hinsichtlich von dynamischen Gravitationsmagnetfeldern für die Entwicklung von Quantentechnologien dar.

Eine elektrodynamische Kompression kann auch innerhalb von körpereigenen Zellen von Lebewesen angenommen werden, denn auch dort kommen zwar weniger jedoch trotzdem einzelne Photonen in Berührung mit diesen Körperzellen. In der Quantenmedizin ist daher Hautkrebs auch immer ein onkologischer Hinweis auf pathologische Tumorwachstumsprozesse im Inneren des jeweiligen Zellkörpers. Letzteres hängt auch damit zusammen, dass die Annahme Lichtstrahlen würden nur auf die Haut auftreffen eine mittlerweile veraltete newtonsche Denkweise darstellt. Photonen durchschlagen schon bei Lichtgeschwindigkeit die Hautaußenseite und

Kolek, Erik (2024). Über die technologischen Grundlagen der interstellaren Raumfahrt. In: *Chroniken der Wirtschaftsinformatik-Physik (CWIP)*. Band 3, Auflagen-Nr. 1.0. ISBN: 9783759705549.

können sich sogar auf ihrer gekrümmten Linienrichtung durch den Körper bis zur anderen Hautinnenseite bewegen, welche die Photonen wiederholt durchschlagen. Es könnte also eine Art (teilweise) phosphoreszierende jedoch am Tag unsichtbare Strahlung des Körpers von Lebewesen von außen nach innen und von dort wieder nach außen existieren, deswegen sollten sich auch alle Arten von Lebewesen nicht zu lange Sonnenstrahlen direkt ohne entsprechende Strahlungsschutzkleidung aussetzen aufgrund der Krebsgefahr im Inneren und nicht nur der Haut bei langandauender Lichtabsorption der phosphoreszierenden Körper.

Mithilfe dieser Hypothese über das Körpernachleuchten ist es auch denkbar, dass auch eine Photosynthese im Inneren von Lebewesen wie Tieren und Menschen stattfinden könnte, zwar mit weniger vorhandenem Licht als bei Pflanzen jedoch trotzdem auch kontinuierlich während der Lichtabsorption. Deswegen könnte es auch sein, dass während der Dunkelheit beispielsweise nachts bei der einen oder anderen Nascherei mehr zugenommen wird, da die Körperfettzellen für Ihre Auflösung zusätzlich Photonen also Strahlungsenergie benötigen könnten. Diese Photosynthese der Lebewesen allgemein könnte auch deren Verdauungsprozesse besser erklärbar machen, wodurch wiederum Krankheiten besser verstanden, diagnostiziert und behandelt werden könnten. Wie sonst sollten Nährstoffe in ihre Atome aufgespalten werden, wenn nicht der elektrodynamisierte Photoeffekt von Albert Einstein (1905b) hier auch eine Aufgabe wahrnehmen könnte. Es könnte also durchaus angenommen werden, dass allgemein eine gewisse Lichtzufuhr die Verdauung fördern könnte, auch die dort ansässigen Kleinstlebewesen wie die Mikroben im Darm könnten von dieser Lichtemission profitieren und so eine effizientere Leistung verrichten. Deswegen könnte als ein altes also eigentlich neues quantenmedizinisches Hausmittel bei Darmschmerzen und sonstigen Darmbeschwerden anstatt einer Wärmflasche nämlich eine Infrarotlampe empfehlenswerter sein, um die Beschleunigung der Restelementabfuhr zu erhöhen und eventuell vorhandene Obstipationen besser aufzulösen. Da in einem bezugskörpereigenen Raum-Zeit-Kontinuum sich für gewöhnlich Dunkelheit und Helligkeit abwechseln, müssten dank des Photoeffekts

Kolek, Erik (2024). Über die technologischen Grundlagen der interstellaren Raumfahrt. In: *Chroniken der Wirtschaftsinformatik-Physik (CWIP)*. Band 3, Auflagen-Nr. 1.0. ISBN: 9783759705549.

(Einstein, 1905b) im Inneren der Lebewesen jede Menge neuer Erkenntnisse durch die Quantenmedizin erreichbar sein.

Dass die innovative Idee hinsichtlich von phosphoreszierenden Körpern und Photosynthese im Inneren von Lebewesen aufgrund des Photoeffekts von Albert Einstein (1905b) nicht unbegründet ist, zeigt bereits die Abbildung 1 auf, hier wird ein Röntgenbild einer Hand dargestellt. Dieses nicht mehr schwarz-weiß sondern neuerdings farbig digitalisierbare Röntgenbild wurde mithilfe einer einfachen quantentechnologischen *Lichtresonanztomographie (LRT)* gemacht, deren technischen Erläuterung und Umsetzung im nächsten Absatz folgt. Physikalisch funktioniert das LRT nur in Dunkelheit aufgrund der phosphoreszierenden Körper, Lebewesen strahlen scheinbar gravitationsfeldbedingt (teilweise) rötlich von innen wieder nach außen, wodurch eine bestimmbare Resonanz der Lichtstrahlen möglich werden sollte, weil auch ein Teil der Photonenstrahlung absorbiert wird. Auf dem Röntgenbild wurde eine niedrige moderne Photonenstrahlung (anstelle einer hohen klassischen Elektronenstrahlung) eingestellt, trotzdem sind bereits teilweise die Fingerknochen gut erkennbar. Pathologische Körperzellen mit höherer Dichte wie Tumore könnten so auf solchen LRT-Bildern dunkler und andersfarbig erscheinen. Entsprechende Fourierreihen, benannt nach Joseph Fourier, können diese medizinischen Einsteinbilder mittels LRT zusätzlich besser differenzierbar machen, insbesondere während den schnittweisen Kameraaufnahmen zur besseren Farbskalierung, dadurch müssten Röntgengeräte, Computertomographie-(CT)-Geräte und Magnetresonanztomographie-(MRT)-Geräte technologisch abgelöst also veraltet sein. Auch werden in der Quantenmedizin keine giftigen Kontrastmittelgaben mehr benötigt, denn diese für gewöhnlich Elemente enthalten, welche ausdrücklich nicht in lebende Körper injiziert werden dürfen, das sind zum Beispiel strahlende Elemente jedweder Art, Metalle sowie Schwermetalle wie Gadolinium (auch nicht als chemische Verbindungen etc.), da diese nicht mit den Körperzellelementen der Lebewesen übereinstimmen. Nur Elemente die den Körperzellen gleichen dürfen von außen ohne quantenmedizinische Bedenken in Lebewesen eingebracht also injiziert

Kolek, Erik (2024). Über die technologischen Grundlagen der interstellaren Raumfahrt. In: *Chroniken der Wirtschaftsinformatik-Physik (CWIP)*. Band 3, Auflagen-Nr. 1.0. ISBN: 9783759705549.

oder per Nahrung aufgenommen werden, also auch keine chemischen Aluminiumverbindungen und so weiter, sondern vorerst nur chemische Kohlenstoff-Silizium-Verbindungen (wahrscheinlich bezugssystemisch nur chemische Silizium-Verbindungen). Zur Bestimmung sicherer quantenmedizinischer Elementverbindungen, die alle innerhalb von Lebewesen gesundheitsunbedenklich genutzt werden können, muss die organische Quantenchemie als ein Bestandteil der Quantenmedizin weitere Ableitungen und Approximationen erfahren.

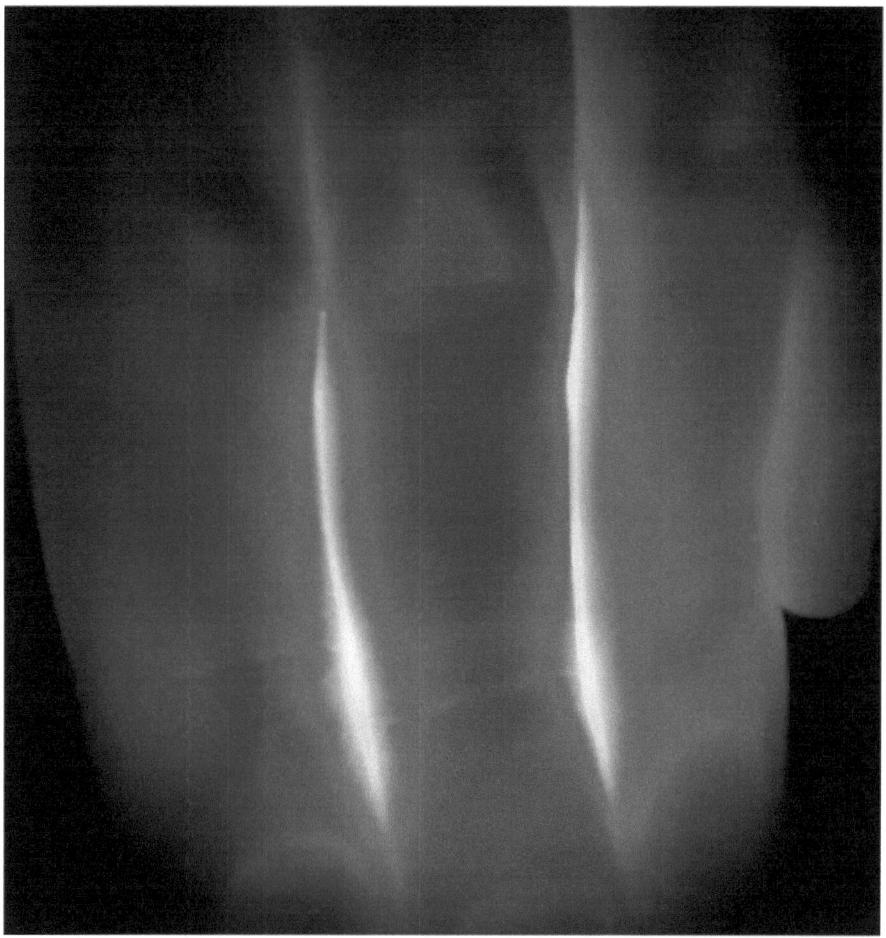

Abbildung 1. Farbiges Röntgenbild einer Hand.

Kolek, Erik (2024). Über die technologischen Grundlagen der interstellaren Raumfahrt. In: *Chroniken der Wirtschaftsinformatik-Physik (CWIP)*. Band 3, Auflagen-Nr. 1.0. ISBN: 9783759705549.

Ein entwickeltes also aufbaubares Modell der Lichtresonanztomographie (LRT) (Abbildung 2) besteht aus einer Gasentladungsröhre, innerhalb derer Dunkelheit immer gegeben ist, weil dies in Zusammenhang steht mit der quantenmedizinischen Theorie der phosphoreszierenden Körper. Es ist gedanklich vergleichbar mit einem Blitzlichtgerät in dem Lebewesen liegen mit dem Zweck tiefer gelegene Schichten dieser Körperzellen aufzunehmen. Darin ist auch eine Gasentladungslampe vorhanden, welche zum Beispiel mit Xenon etc. befüllt ist. Eine hohe Bildqualität ist am besten mit unterschiedlichen Gasen angefangen bei den Edelgasen zu überprüfen. Ein entsprechender Lichtblitz von allen Seiten ermöglicht mittels Digitalkamera eine Aufnahme koinzident zu einem newtonschen Koordinatensystem (x-, y- und z-Achse). Für diese digitale Lichtresonanzabtastung muss absolute Dunkelheit in der Gasentladungsröhre bestehen. Natürlich benötigt der Patient aufgrund des extrem kurzen aber extrem starken Lichtimpulses eine Schutzbrille für seine Augen. Das LRT verfügt weiterhin über einen Computer mit Sprachkonsole über die Daten vom Computer ausgesprochen und von Quantenmedizinern eingesprochen werden können, das erleichtert die Arbeit der Quantenmediziner deutlich, es kommt zu einer Arbeitszeitersparnis während diese sich über eine Farbbildanzeige aktuell aufgenommene LRT-Einsteinbilder betrachten. LRT-Aufnahmen dauern in der Regel maximal fünf bis fünfzehn Minuten, auch weil der Patiententisch schnell in Höhe und Seite verstellbar ist, dadurch können auf dieser Art von Krankenstation effizienter Patienten versorgt werden.

Jetzt ist es in der physikalischen Wirklichkeit der Natur immer so, dass Lebewesen die einer zu hohen Photonenstrahlung ausgesetzt sind, auch entsprechende Gesundheitsschäden erleiden können, sollte das LRT falsch eingestellt sein, aber das ist auch bereits bekannt aus der klassischen medizinischen Strahlentherapie. Im Folgenden wird daher das Thema Lichtimpulsintensität und Lichtart dem Prinzip nach beleuchtet. Ein LRT ist nicht als eine Art Sonnenbank zu verstehen, die äußerlich und auch innerlich pathogene Körperzellenveränderungen hervorrufen kann, sondern als eine Art von Sonnenblitzgerät in dem auch ein Vakuum erzeugt werden kann. Kleine

Kolek, Erik (2024). Über die technologischen Grundlagen der interstellaren Raumfahrt. In: *Chroniken der Wirtschaftsinformatik-Physik (CWIP)*. Band 3, Auflagen-Nr. 1.0. ISBN: 9783759705549.

mobile Sauerstoffgeräte und größere stationäre Geräte zur O_2-Versorgung der Patienten über einen Schlauch existieren zur Lebenserhaltung bereits. Das Vakuum kann nochmals die Bildgenauigkeit der Digitalaufnahme erhöhen, da auf den Bildern dann weniger Flimmern zu erkennen sein wird. Letzteres Phänomen ist aus der Astronomie bekannt, bei dem es bei Bildaufnahmen durch Teleskope aufgrund der Atmosphäre zu flimmern und damit zu einer Unschärfe der Aufnahmen kommt. Entsprechend werden die Fourierreihen präziser gestaltet und die Detaillierungs- beziehungsweise Summierungsmöglichkeiten sind daher weiter fortgeschritten als bei allen anderen klassischen Aufnahmegeräten wie Röntgen-, CT- und MRT-Geräten.

Der zu erzeugende Lichtstrahl ist extrem kurz jedoch von extremer Intensität, dazu ist eine zu bestimmende Hochspannung notwendig. Die Lichtart bestimmt sich dagegen nach der gewünschten Wellenquantengravitation, die in der Quantenmedizin heute eingesetzt wird, das bedeutet zwischen zwei gegenüberliegenden Punkten innerhalb eines Koordinatensystems sind innerhalb der Punkte entsprechende elektromagnetstatische Felder auf vier Dimensionen dx_i aufgebaut. Der Photonenstrahl ausgehend von P_1 zu P_2 bewegt sich innerhalb dieses Bezugssystems und wird entsprechend kurz beziehungsweise lang gezogen. Das erleichtert auch das Durchdringen von Körperzellen beziehungsweise Lebewesen im Ganzen ohne auf schädliche klassische Röntgenstrahlen mehr angewiesen zu sein. Einsteinstrahlen sind nicht so sehr gesundheitsschädlich, sondern allerhöchstens mit einem längeren Sonnenbad vergleichbar, wenn nicht wahrscheinlich sogar unbedenklich für die Gesundheit. Da alle Spiegelpunkte auf der geometrischen Fläche innen in einem Zylinder nebeneinander aufliegen handelt es sich um eine mannigfaltige Gravitations- beziehungsweise Lichtfeldmagnettomographie in der die Photonenstrahlung quer gedacht ist. Mithilfe dieser diagonalen Denkweise ist es also von allen Seiten innen im Zylinder möglich um einen einzigen Körperzellenpunkt herum die Photonenstrahlung zu bündeln beziehungsweise lediglich lokal an beziehungsweise von dieser einen Stelle Aufnahmen zu machen. Gezielte Einsteinbilder können auch durch Rotation der Photonenstrahlen gewonnen werden, wenn sich deren

Kolek, Erik (2024). Über die technologischen Grundlagen der interstellaren Raumfahrt. In: *Chroniken der Wirtschaftsinformatik-Physik (CWIP)*. Band 3, Auflagen-Nr. 1.0. ISBN: 9783759705549.

Spiegelpunkte um den Aufnahmepunkt drehen, wodurch nochmals die Fourierreihen präziser gestaltet werden können und alle anderen genannten Geräte ausgedient haben müssten. Da lediglich Energie in einem sehr kurzen Zeitraum benötigt wird, ist auch die Strahlenbelastung im LRT durch Photonen und Felder für den Patienten minimal gedacht.

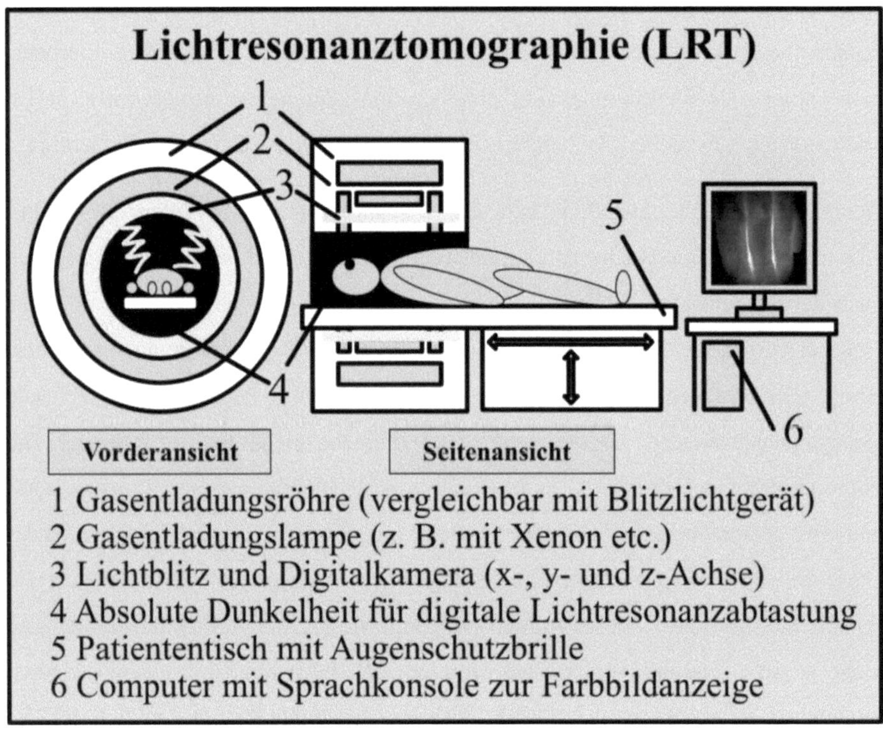

Abbildung 2. Lichtresonanztomographie (LRT).

Es sei an dieser Stelle bemerkt, dass die Quantenmedizin nicht unterteilt in verschiedene Medizinfachbereiche wie beispielsweise Onkologie, Dermatologie und Neurologie usw. Nein, diese moderne Art der Medizin betrachtet Körperzellen also das Lebewesen im Ganzen mithilfe aller medizinischen Fachbereiche gleichzeitig, deswegen ist auch nur eine einzige Krankenstation organisatorisch pro Quantenmediziner und dessen Patienten sinnvoll einzusetzen. Dadurch werden

Kolek, Erik (2024). Über die technologischen Grundlagen der interstellaren Raumfahrt. In: *Chroniken der Wirtschaftsinformatik-Physik (CWIP)*. Band 3, Auflagen-Nr. 1.0. ISBN: 9783759705549.

quantenmedizinische Krankenhäuser raumzeitlich kleiner und trotzdem mit größeren Leistungskapazitäten planbar, steuerbar und kontrollierbar, jedoch sollte dabei auf die arithmetische Medizinwirtschaft gänzlich verzichtet werden und stattdessen ein kostenfreier Humanismus im Vordergrund stehen. Die Quantenmedizin basierend auf der euklidischen Geometrie gleicht also einer fortschrittlichen Allgemeinmedizin. Jeder Patient geht nur noch zu einem allgemeinen Quantenmediziner, um sich seine Pille bzw. Medizin zu holen. Aristotelische Überweisungen zu anderen klassischen Medizinfachbereichen werden damit überflüssig. Die LRT ermöglicht diese beschriebene Art der Krankenstation (auch in verschiedenen Raumkörperklassen), weil die LRT aufgrund der Quantentechnologisierung deutlich in der Größe reduziert werden kann (zum Beispiel gegenüber einem MRT-Gerät betrachtet) und als eine mathematisch physikalische Folge ein Biobett ermöglicht. Dieses fortschrittliche Biobett ermöglicht zusätzlich dank der LRT präzise lasergestützte operative Eingriffe. Das von mir an erdachte beziehungsweise entwickelte Biobett verfügt dafür über Joysticks mit denen Quantenmediziner die feinmechanischen Operationswerkzeuge (wie Laser- und Metallskalpelle) bedienen und sich auch für Operationen die notwendigen Bildvergrößerungen darstellen lassen können.

Operationssäle in denen Ärzte von Hand mit Messern bewaffnet nur stehend Patienten vergleichbar mit Steaks aufschneiden und nur mit den Augen allein solche heiklen Prozeduren durchführen gehören hoffentlich damit der mittelalterlichen Vergangenheit des zwanzigsten Jahrhunderts an. Allgemein sei nur an die Müdigkeit dieser Ärzte gedacht und die bereits Wachschlafsymptome hormonell durch Überarbeitung und Angst in Form von Stress aufweisen können. Wachschlafsymptome sind zum Beispiel häufiges Gähnen, häufiges Blinzeln, schlechteres Sehen, schlechteres Vorstellungsvermögen, schlechtere Logik durch Aufmerksamkeitsdefizite, aggressives stressbedingtes Verhalten und im Extremfall sogar Schlafwandeln im Unterbewusstsein mit offenen oder durch das Nickhäutchen der Menschen teilweise seitlich verdeckt offenen Augen. Deswegen wissen alle Quantenmediziner um den physikalischen Zustand des Wachschlafes des Menschen

Kolek, Erik (2024). Über die technologischen Grundlagen der interstellaren Raumfahrt. In: *Chroniken der Wirtschaftsinformatik-Physik (CWIP)*. Band 3, Auflagen-Nr. 1.0. ISBN: 9783759705549.

und ruhen sich viel mehr aus als dies in der heutigen Medizin der Fall ist, indem sie Stress vermeiden und so weniger das Hormon der Angst erzeugen, das sie müde macht und mit diesem Wissen jetzt auch zwischen Wachschlafzustand und Wachzustand (besser) bewusst differenzieren können. Ein Wachschlafzustand beim Menschen könnte jedoch auch durch ein stärker summiertes Gravitationsfeld g_{ik} erzeugt werden begründet durch die Quantengravitationstheorie. Alle Arten von Operationen müssten demnach in der modernen Quantenmedizin um einiges sicherer für den Patienten werden, denn das Biobett ermöglicht ebenfalls dank des Computers ein Unterstützungsinformationssystem für Quantenmediziner während des Eingriffs um beispielsweise nochmals Bilder von Schnitttechniken anzeigen und sogar automatisierte Operationen meist Routinen durchführen zu lassen, beispielsweise die Blinddarmoperation und Nähknotentechniken. Patienten Leben lang und in Frieden.

Kolek, Erik (2024). Über die technologischen Grundlagen der interstellaren Raumfahrt. In: *Chroniken der Wirtschaftsinformatik-Physik (CWIP)*. Band 3, Auflagen-Nr. 1.0. ISBN: 9783759705549.

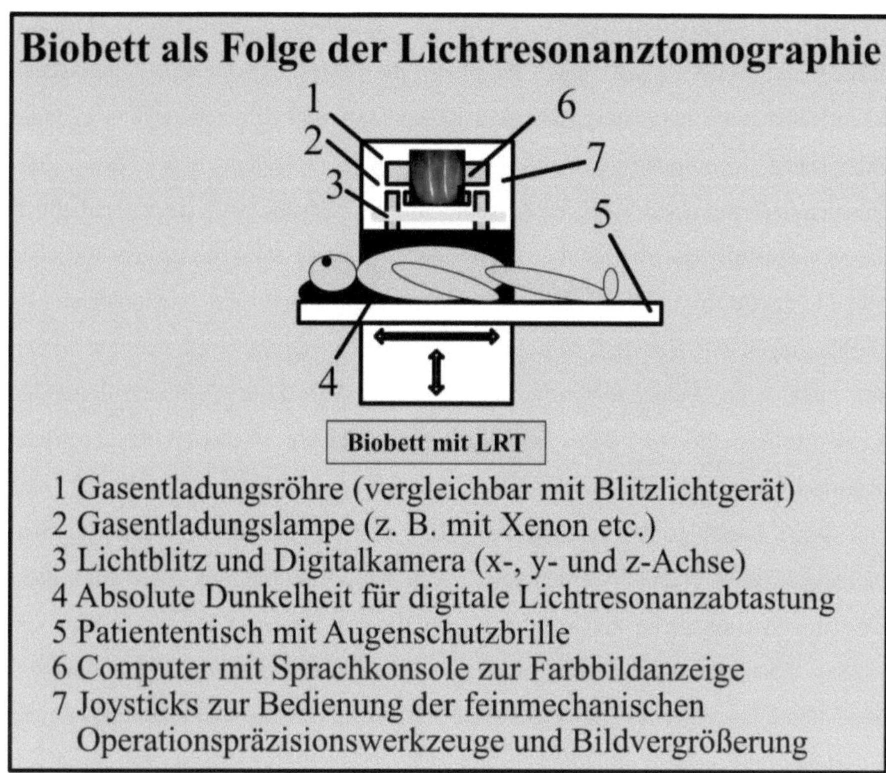

Abbildung 3. Biobett als Folge der Lichtresonanztomographie.

Mit dem Biobett lassen sich gemäß der Natur der Lebewesen verschiedene Arten von Operationen für den Patienten sicherer durchführen, so beispielsweise eine kardiologische Kunstherzoperation. Mithilfe des Computers kann ein Scan in der dreidimensionalen Ausdrucksweise $\Omega = \int dx_1 dx_2 dx_3$ des Herzens des Patienten erfolgen. Zu bemerken ist jedoch, dass sich das Patientenherz aufgrund von kardiologischem Verschleiß deutlich vergrößert hat, die Herzwände sind daher pathologisch dicker geworden (wie im LRT-Einsteinbild zu sehen sein müsste) und leisten daher auch weniger pneumatischen Druck. Ein entsprechender Ausgleich muss daher schon während dem Scan des Patientenherzens durchgeführt werden, so dass dieses seine gesunde natürliche Geometrie nach Euklid beziehungsweise Spannelastizitätskraft künstlich wieder zurückerhalten kann, indem einfach ein

Kolek, Erik (2024). Über die technologischen Grundlagen der interstellaren Raumfahrt. In: *Chroniken der Wirtschaftsinformatik-Physik (CWIP)*. Band 3, Auflagen-Nr. 1.0. ISBN: 9783759705549.

koinzidentes elastisches Kunstherz mit dem quantenmedizinischen 3D-Drucker ausgedruckt wird. Dazu sind lediglich die zwei Arten von organischen Chemieelementen notwendig, das sind Kohlenstoff und Silizium jeweils in einer chemischen gummiartigen Verbindung als Filament in den 3D-Quantenmedizindrucker einzusetzen. Innerhalb des Kunstherzes wird ausschließlich das Kohlenstofffilament genutzt, weil dieses Kontakt zum wässrigen rötlichen Metallhydroxid hat und in das nicht noch mehr metallische nicht organische Verbindungen gelangen darf, denn ansonsten wären beispielsweise Leber und Nieren auf metallische Ablagerungen zu untersuchen. Auf diese elektrisch leitfähige Kohlenstoffschicht wird daher auf diese erste Schicht wiederum das ebenfalls elektrisch leitfähige Siliziumfilament aufgetragen, damit schlussfolgernd eine elektrische leitfähige Verbindung zum Rest des salzigen daher elektrolytischen Patientenkörpers erzeugt werden kann. Das ist notwendig um später das eben ausgedruckte künstliche Patientenherz erstmals zum Schlagen bringen zu können, dazu ist jedoch ein winziger vom Filament verdeckter Herzschrittmacher notwendig, ohne diesen lässt sich das Kunstherz nicht in Bewegung bringen und dieser darf nicht aufgrund anderer darin enthaltener chemischer Elemente in Kontakt mit sonstigen Zellkörpergewebe gelangen, denn dies verhindert sicher eine Abstoßung des individuell entwickelten und eingepassten Kunstherzens durch den Patientenzellkörper. In diesem weiter verkleinerten daher quantentechnologischen Gerät befindet sich nur eine wahrscheinlich für Zellkörper ungiftige aufladbare Natrium-Magnesium-Batterie anstelle einer für Zellkörper definitiv giftigen Lithium-Batterie, die Elektronen beliebig wahlweise an das Kunstherz abgeben kann über einen dünnwandigen Siliziumdraht, der mit Kohlenstoff umwickelt ist. Mit dieser bestimmten Art von Quantenmedizindraht wird das Kunstherz auch vernäht an den Koronararterien. Aufgrund der Elektronen beginnt das Kunstherz im Patientenkörper zu schlagen, jedoch kann der Herzschrittmacher dieses Kunstherz lediglich starten und nur zeiträumlich unterstützend am Laufen halten, jedoch ist ein dauerhafter Betrieb dieses Batteriegeräts quantenmedizinisch auch gar nicht vorgesehen. Das ist

Kolek, Erik (2024). Über die technologischen Grundlagen der interstellaren Raumfahrt. In: *Chroniken der Wirtschaftsinformatik-Physik (CWIP)*. Band 3, Auflagen-Nr. 1.0. ISBN: 9783759705549.

dadurch begründet, dass dieses flexibel elastische Kohlenstoffsiliziumherz pneumatisch mit Druck funktioniert und sobald es elektrodynamisch von wässrigen rötlichen Metallhydroxid durchflossen wird, entsteht eine elektrostatische Reibung beziehungsweise Aufladung am inneren Kohlenstoff, wodurch sich das Kunstherz analog zum Gewebeherz zusammenzieht und sich wieder ausdehnen müsste – dadurch wird sogar die Batterie des Kunstherzschrittmachers immer wieder aufgeladen und muss hoffentlich niemals ausgewechselt werden. Es müsste bedingungsweise nach dem Elektrostartimpuls selbstständig schlagen und funktionieren können, wodurch alle Arten von kardiologischen Krankheiten keinerlei Beschwerden beim Patienten dank der Quantenmedizin mehr darstellen müssten, weil das Kunstherz mit einem Gewebeherz und seiner natürlichen physikalischen Funktion übereinstimmt. Das beschriebene Kunstherz hat dieselbe geometrische Form, Masse, pneumatische Bewegungsfunktion, elektrische Leitfähigkeit und ist fundiert auf den Maxwellschen Gleichungen der Elektrodynamik, die auch die Elektrostatik einschließt (Einstein, 1916), welche ich auf die von mir theoretisierte Quantenmedizin und damit verbundene Quantentechnologien übertragen habe, weil Lebewesen auch analog zu elektrolytischen Batterien betrachtet werden können und somit denselben allgemeinen Naturgesetzen gefolgt werden muss wie das für alle Körper innerhalb unseres Raum-Zeit-Kontinuums der Allgemeinfall kovariant (Einstein, 1916) sein sollte.

Referenzen

Einstein, A. (1905). Über die von der molekularkinetischen Theorie der Wärme geforderte Bewegung von in ruhenden Flüssigkeiten suspendierten Teilchen; von A. Einstein. *Annalen der Physik 17(14)*, S. 182–193.

Einstein, A (1905b). Über einen die Erzeugung und Verwandlung des Lichtes betreffenden heuristischen Gesichtspunkt. *Annalen der Physik* 322(6), S. 132–148.

Kolek, Erik (2024). Über die technologischen Grundlagen der interstellaren Raumfahrt. In: *Chroniken der Wirtschaftsinformatik-Physik (CWIP)*. Band 3, Auflagen-Nr. 1.0. ISBN: 9783759705549.

Einstein, A. (1906). Zur Theorie der Brownschen Bewegung; von A. Einstein. *Annalen der Physik 19(14)*, S. 248–258.

Einstein, A. (1916). Die Grundlage der allgemeinen Relativitätstheorie. *Annalen der Physik 354(7)*, S. 769–822.

Einstein, A. (2009). *Über die spezielle und die allgemeine Relativitätstheorie*. 24. Auflage, Springer.

Inhaltsübersicht

In diesem Forschungsartikel werden mehrere medizinische Quantentechnologien entwickelt. Dabei handelt es sich um die Lichtresonanztomographie (LRT) und das Biobett. Diese Technologien stellen fortschrittliche Möglichkeiten in der Quantenmedizin dar. Außerdem wurde die Idee eines künstlichen Herzens für Menschen entwickelt. Der nächste Schritt wird die Entwicklung entsprechender Prototypen für Tests sein.

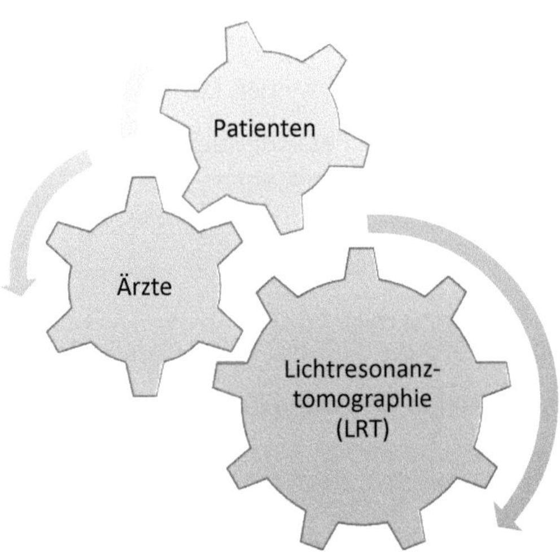

Abbildung 4. Inhaltsübersicht dargestellt durch die Bedeutung der Theorie der Quantenmedizin.

Kolek, Erik (2024). Über die technologischen Grundlagen der interstellaren Raumfahrt. In: *Chroniken der Wirtschaftsinformatik-Physik (CWIP)*. Band 3, Auflagen-Nr. 1.0. ISBN: 9783759705549.

Wissenschaftliche Zitierung:

Kolek, Erik (2024). Eine Theorie über die Entwicklung einer Visierquantentechnologie als eine quantenastrophysikalisch begründete Möglichkeit einer quantenmedizinbasierten im Schwerpunkt für Menschen erdachte Augenprothese. In: *Über die technologischen Grundlagen der interstellaren Raumfahrt.* Chroniken der Wirtschaftsinformatik-Physik (CWIP). Band 3, Auflagen-Nr. 1.0.

Erik Kolek (2024)

Eine Theorie über die Entwicklung einer Visierquantentechnologie als eine quantenastrophysikalisch begründete Möglichkeit einer quantenmedizinbasierten im Schwerpunkt für Menschen erdachte Augenprothese

Zusammenfassung

Motiviert durch die Quantengravitationstheorie, die von Erik Kolek als eine Quantenrelativitätstheorie entwickelt wurde und demnach also eine Erweiterung der speziellen und allgemeinen Relativitätstheorie von Albert Einstein repräsentiert, wird heute in diesem Forschungsbeitrag eine Verbindung zwischen der Quantenphysik und Astrophysik, kurz Quantenastrophysik, und der theoretischen Medizin angenommen, die als eine Folge zur theoretischen Quantenmedizin und einer theoretisch möglichen Quantentechnologieentwicklung führt. Es handelt sich bei dieser speziellen Entwicklungsmöglichkeit um eine Visierquantentechnologie, also um eine theoretisch mögliche, das bedeutet, möglicherweise umsetzbare Augenprothese, die im Schwerpunkt für Menschen gedacht ist. Ein speziell entwickelter supersymmetrischer, relativistischer Modellvisualisierungsansatz unterstützt bei dem Aufbau eines Verständnisses, ohne dass hierfür vertiefte Grundlagen der Wirtschaftsinformatik-Physik notwendig erscheinen. Der Entwicklungsansatz hinsichtlich von Quantentechnologien nicht nur für die Quantenmedizin wurde von

Kolek, Erik (2024). Über die technologischen Grundlagen der interstellaren Raumfahrt. In: *Chroniken der Wirtschaftsinformatik-Physik (CWIP)*. Band 3, Auflagen-Nr. 1.0. ISBN: 9783759705549.

einem Erfinder entwickelt, der über Forschungserfahrung im Fachgebiet der Wirtschaftsinformatik-Physik verfügt, jedoch keinerlei Erfahrung in der Forschung und Praxis innerhalb der (theoretischen) Medizin besitzt; das bedeutet also Erik Kolek ist kein Arzt. Deshalb ist er als Forscher frei von Befangenheiten gegenüber Informationen und Wissen hinsichtlich der wahrscheinlich revolutionären theoretischen Quantenmedizin als auch wirklich neutral als Erfinder gegenüber der höchst innovativen theoretisch denkbaren Entwicklung von Quantentechnologien wie dem Individualvisier beziehungsweise Universalvisier. Es werden als Resultate auf quantenastrophysikalischer Grundlage ein an persönliche Bedürfnisse anpassbares künstliches Auge als eine Prothese (Individualvisier) und darauf aufbauend eine einheitlicher nutzbare und daher kostengünstigere Variation dieser Quantentechnologie (Universalvisier) schrittweise entworfen. Mithilfe dieser Theorie wird durch die quantenastrophysikalisch begründeten Möglichkeiten die quantenmedizinbasierte Entwicklung dieser Visierquantentechnologie beschrieben, die andere Erfinder und Forscher zu einer erfolgreichen Quantentechnologieentwicklung befähigen müsste, jedoch diesen Erfolg trotzdem leider nicht allgemein garantieren kann bzw. darf, denn es sollen ausdrücklich keine falschen Hoffnungen bei potenziellen Patienten von Ärzten wie Neurologen und Augenärzten geweckt werden.

Eine Theorie über die Entwicklung einer Visierquantentechnologie als eine quantenastrophysikalisch begründete Möglichkeit einer quantenmedizinbasierten im Schwerpunkt für Menschen erdachte Augenprothese

Die von Erik Kolek (2024) veröffentlichten Resultate über eine Quantengravitationstheorie führten bereits zu einer sehr gut begründenden Hypothese hinsichtlich einer theoretischen, quantenphysikbasierten Medizin, die heute abgeleitet werden soll (Abbildung 1). Der vorliegende Forschungsartikel ist mehr verwandt mit den Arbeiten von Albert Einstein (1905; 1916) sowie weniger mit denen von Stephen

Kolek, Erik (2024). Über die technologischen Grundlagen der interstellaren Raumfahrt. In: *Chroniken der Wirtschaftsinformatik-Physik (CWIP)*. Band 3, Auflagen-Nr. 1.0. ISBN: 9783759705549.

Hawking. Nach den Erkenntnissen des Autors, der über keinerlei Forschungs- und Praxiserfahrung im Fachbereich der (theoretischen) Medizin verfügt, stellen deren Werke als eine grundsätzliche Basis für die Quantengravitationstheorie die bahnbrechende, physikalische Erklärung für diese neue revolutionäre theoretische Quantenmedizin dar.

Nach Einstein (1905, S. 174) und Kolek (2024) kann formuliert werden: „Die Masse" (Einstein, 1905, S. 174) „und Temperatur" (Kolek, 2024) „eines" (Einstein, 1905, S. 174) „[…] sehr kleinen" (Kolek, 2024) „Körpers" (Einstein, 1905, S. 174) „sind Maße" (Kolek, 2024) „seines Energiegehaltes, ändert sich die Energie um L, so ändert sich die Masse" (Einstein, 1905, S. 174) „und Temperatur" (Kolek, 2024) „im gleichen Sinne [...]" (Einstein, 1905, S. 174). Entsprechend erhält Kolek (2024) nach Einstein (1905) eine optimierte Aussage in Form einer Effizienzsteigerung hinsichtlich der Energie $L = E = TMv^2$.

Gemäß dem ersten Gesetz der Quantengravitation (1) von Erik Kolek (2024) emittieren alle Sterne Masse und Strahlung als Lichtwärmephotonen, die auf sehr große und sehr kleine Körper trifft, das die Gravitation auf diesen Körpern beeinflussen sowie steigern müsste. Die sehr großen und sehr kleinen Körper, die in unserem immer schneller expandierenden Universum (Kontinuum) wirklich existieren, müssten durch die Lichtwärme aller Sterne in die Raum-Zeit des luftleeren Raums (Vakuum) hinein gedrückt werden (Kolek, 2024). Das müsste durch ihre eigene Gravitation bedingt sein aufgrund ihrer eigenen Schwere der vorhandenen Elemente als auch der hinzukommenden Masse der Lichtwärmephotonen beim Aufschlag auf die quasi-sphärische Oberfläche der sehr großen und sehr kleinen Körper (Kolek, 2024).

(1) Quantengravitationsgesetz $I = G \times [(T_1M_1T_2M_2) / (rV_{Rel})^2] \times (+L/V^2 \times v^2/2)$ (Kolek, 2024)

Gemäß dem zweiten Gesetz der Quantengravitation (2) von Erik Kolek (2024) absorbieren alle Schwarzen Löcher Masse und Strahlung als Lichtwärmephotonen,

Kolek, Erik (2024). Über die technologischen Grundlagen der interstellaren Raumfahrt. In: *Chroniken der Wirtschaftsinformatik-Physik (CWIP)*. Band 3, Auflagen-Nr. 1.0. ISBN: 9783759705549.

die auf ihre Ereignishorizonte auftreffen, hier werden sehr große und sehr kleine Körper nicht von der Lichtwärme (Photonen) erreicht, das die Schwerkraft auf diesen Körpern beeinflussen sowie reduzieren müsste. Die sehr großen und sehr kleinen Körper müssten von den Lichtwärmephotonen absorbierenden Schwarzen Löchern aus der Raum-Zeit des luftleeren Raums (Vakuum) herausgezogen werden (Kolek, 2024). Das ist durch ihre eigene Schwerkraft bedingt aufgrund ihrer zugeordneten Masse und der nicht vorhandenen Masse der Lichtwärmephotonen, die jetzt auf die Ereignishorizonte der Schwarzen Löcher aufschlagen und nicht mehr auf die sehr großen und sehr kleinen Körper (Kolek, 2024). Wenn demnach ein Schwarzes Loch in dem Raum-Zeit-Bereich eines sehr großen als auch sehr kleinen Körpers eintrifft, sollte es auf dem jeweiligen Körper dunkel werden, auch tagsüber, aber das sollte unabhängig von der Größe eines Schwarzen Lochs möglich sein (Kolek, 2024).

(2) Quantengravitationsgesetz II $= G \times [(T_1 M_1 T_2 M_2) / (r V_{Rel})^2] \times (-L/V^2 \times v^2/2)$ (Kolek, 2024)

Es ist gemäß den beiden Quantengravitationsgesetzen wahrscheinlich, dass in einer fortschrittlichen Quantenmedizin eine einheitliche physikalische mindestens vierdimensionale Logik möglich erscheint wie in der Quantenphysik und Astrophysik, abgekürzt als Quantenastrophysik bezeichnet (Kolek, 2024). Die zwei Gesetze der Quantengravitation werden supersymmetrisch, relativistisch modelliert und visualisiert, damit ihre Nützlichkeit für die Quantenastrophysik und Quantenmedizin verständlich wird (Kolek, 2024). Diese modellbasierte Repräsentation umfasst alle vorherig erklärten physikalisch denkbaren Tatsachen (Kolek, 2024). Die untere Modelldarstellung stellt einen mindestens vierdimensionalen Raum-Zeit-Bereich unseres immer schneller expandierenden Kontinuums (Universums) dar (Kolek, 2024). Diese supersymmetrische Relativitätsdarstellung sollte die beiden Gesetze der Quantengravitation (1) und (2) auch ohne vertieftes mathematisches Wissen einfacher verständlich machen. Beide Quantengravitationsgesetze sollten in der Quantenastrophysik und Quantenmedizin

Kolek, Erik (2024). Über die technologischen Grundlagen der interstellaren Raumfahrt. In: *Chroniken der Wirtschaftsinformatik-Physik (CWIP)*. Band 3, Auflagen-Nr. 1.0. ISBN: 9783759705549.

anwendbar sein, da sie sich in einer Wechselwirkung hinsichtlich der Masse und Strahlung von Sternen oder Schwarzen Löchern mit sehr großen und sehr kleinen Körpern als auch in einer Wechselwirkung zwischen den hellen oder dunklen sehr kleinen Körpern (Teilchen) mit den hellen oder dunklen sehr kleinen Körpern (Photonen) wahrscheinlich befinden. Nicht vom Licht angestrahlte Masseteilchen müssten aufgrund des Quantengravitationsgesetzes I (1) nicht von Lichtwärmephotonen eingeholt werden können. Daher müssten Lichtwärmephotonen ebenfalls nicht von dunklen sehr kleinen Körpern (Teilchen) eingeholt werden können und allgemein erscheint das Quantenspektrum begründet mit dem Quantengravitationsgesetz II (2) wahrscheinlich dunkel.

Wenn jetzt die rechte Seite der Abbildung 1 betrachtet und an das Quantengravitationsgesetz I (1) gedacht wird, dann sollte auffallen, dass sich das menschliche Auge entsprechend wie ein Teilchen verhalten könnte, denn helle Photonen schlagen auf unserem Ereignishorizont auf, das ist unsere Netzhaut, und alle Lebewesen sollten dadurch Licht erfahren können. Diese Lebewesen verstehen nun also die Bedeutung von Licht, indem sie ihre Umgebung wahrnehmen (beobachten) können, das erfolgt mit einer gewissen Anzahl an Augen durch Sehen. Umso mehr Licht auf unserem Ereignishorizont (Netzhaut) eintrifft, umso mehr verändert beziehungsweise verkleinert sich allgemein die menschliche Pupille als ein wichtiger Bestandteil des Auges, damit es möglichst zu keiner Verbrennung also Blindheit kommen kann. Es sollte sich hierbei um einen allgemein von der Natur vorgesehenen Schutzmechanismus für alle Lebewesen handeln, die über eine entsprechende variable Augenfunktion mittels automatischer im Gehirn erfolgender Berechnung von Kreisumfang durch Kreisdurchmesser (π) verfügen sollten. Dabei sollte es sich um einen eher unbewussten aber trotzdem erlernten Berechnungsvorgang im Gehirn handeln über den (menschliche) Lebewesen kaum oder eher keinen Einfluss bewusst ausüben können. Dadurch sollte es jetzt auch einfach nachvollziehbar sein, dass das Quantengravitationsgesetz II (2) dazu führen müsste, dass sich weniger Lichtwärmephotonen auf dem Ereignishorizont (Netzhaut) befinden, wodurch

Kolek, Erik (2024). Über die technologischen Grundlagen der interstellaren Raumfahrt. In: *Chroniken der Wirtschaftsinformatik-Physik (CWIP)*. Band 3, Auflagen-Nr. 1.0. ISBN: 9783759705549.

(menschliche) Lebewesen abermals weniger Licht erfahren müssten. Diese Lebewesen verstehen jetzt demnach die Bedeutung von Dunkelheit, indem sie ihre Umgebung nicht mehr wahrnehmen (beobachten) können, auch hier erfolgt das mit einer gewissen Anzahl an Augen durch Sehen, deswegen können manche Lebewesen wie wir Menschen beispielweise verglichen mit Katzen besser beziehungsweise schlechter sehen (beobachten). Umso weniger Licht auf unserem Ereignishorizont (Netzhaut) vorhanden ist, umso mehr müsste sich allgemein die menschliche Pupille als ein Augenbestandteil weiten, damit es möglichst zu einer höheren Verbrennung durch Lichtwärmephotonen also eine theoretische Möglichkeit des Sehens kommen kann. Es müsste sich also dabei um einen allgemein von der Natur vorgesehenen Öffnungsmechanismus für alle Lebewesen handeln, die eine variable Augenfunktion mittels automatisch erfolgender Berechnung von Kreisumfang durch Kreisdurchmesser (π) im Gehirn innehaben müssten. Dabei müsste es sich um einen unbewussten jedoch erlernten Nervenvorgang im Gehirn handeln über den (menschliche) Lebewesen kaum oder eher keinen Einfluss bewusst ausüben können, weil diese sonst zu sehr mit Anpassungen an ihrem Körper oder Teilen davon wie dem Auge beschäftigt wären und somit nicht mehr in der Lage für ihr Überleben zu sorgen sein sollten. Diese (menschliche) Augenfunktion sowie andere Körperfunktionen sollten sich daher evolutionsbedingt nach und nach entwickelt haben und von Generation zu Generation vererbt werden.

Kolek, Erik (2024). Über die technologischen Grundlagen der interstellaren Raumfahrt. In: *Chroniken der Wirtschaftsinformatik-Physik (CWIP)*. Band 3, Auflagen-Nr. 1.0. ISBN: 9783759705549.

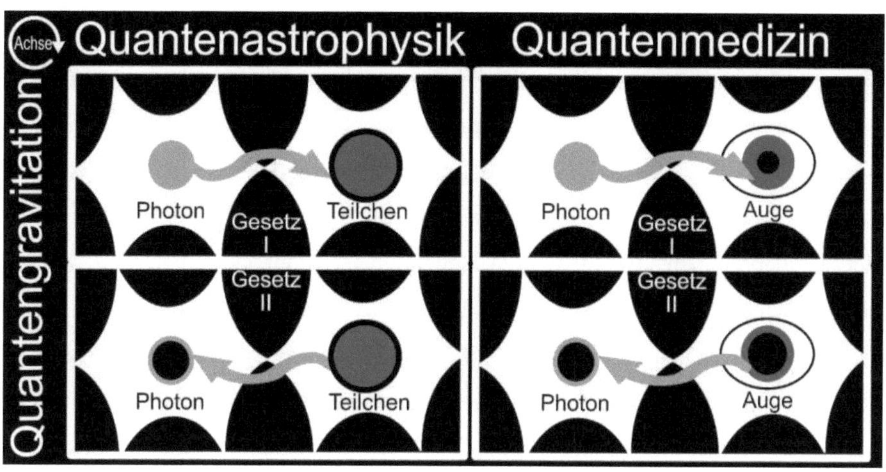

Abbildung 1. Quantengravitation als eine theoretische Verbindung zwischen der Quantenastrophysik und der Quantenmedizin.

Trifft also eine hohe Anzahl an Lichtwärmephotonen auf dem Augenereignishorizont auf, so müsste es zu einer Verbrennung auf der Netzhaut des Auges kommen, beispielsweise wenn sich allgemein das Auge vergrößert mittels der Lupe der Quantenphysik und ohne eine Pupille vorstellt wird (Abbildung 2). Würde allgemein ein zu langer Zeitabstand zwischen einem Startpunkt und Endpunkt aufgrund eines intensiven Lichtwärmekörpereinfalls erfolgen, so sollte dies gedanklich leicht zu verstehen sein, sobald als ein Beispiel an eine angeschaltete Raum-Zeit-Lampe, fast wie ein Stern, mit doppelter überlagernder quadratischer Form gedacht wird. Jedoch ist dieses rein theoretisch erdachte Experiment sehr gefährlich und sollte daher auch nicht wirklich durchgeführt werden. Genauso wie (menschliche) Lebewesen niemals in einer zu langen Zeitperiode direkt in die Sonne (bzw. einen fremden Stern) blicken sollten, da hier eine Lichtwärmeüberflutung zur Blindheit führen müsste. So eine Verbrennung durch zu viele Lichtwärmephotonen auf der Netzhaut (Augenereignishorizont) müsste insbesondere gut bei Dunkelheit, wie eben beschrieben, für (menschliche) Lebewesen zu beobachten beziehungsweise zu sehen sein. Diese (menschlichen) Lebewesen müssten demnach zwei rotgefärbte Quadrate

Kolek, Erik (2024). Über die technologischen Grundlagen der interstellaren Raumfahrt. In: *Chroniken der Wirtschaftsinformatik-Physik (CWIP)*. Band 3, Auflagen-Nr. 1.0. ISBN: 9783759705549.

sehen können zusätzlich in Überlagerung mit dem restlichen dunkler wirkendem Wärmebild gemäß ihrer möglichen Wahrnehmung durch Masse und Temperatur; das auf unserer Augennetzhaut (Ereignishorizont) übereinstimmend mithilfe unterschiedlicher, nicht-euklidischer Wärmebereiche gebildet werden müsste. Wird dieses rein erdachte theoretische Experiment weiter verfolgt, indem die Anzahl an Lichtwärmephotonen, die auf dem Augenereignishorizont befindlich sind, wieder reduziert wird, so müsste es zu einer Abkühlung auf der Netzhaut des Auges kommen, also wenn sich das Auge vergrößert mittels der Lupe der Quantenphysik und ohne eine Pupille erdacht wird. Würde allgemein ein zu kurzer Zeitabstand zwischen einem Startpunkt und Endpunkt aufgrund eines nicht mehr intensiven Lichtwärmekörpereinfalls erfolgen, so sollte dies wiederum auch gedanklich leicht zu verstehen sein, sobald an eine ausgeschaltete Raum-Zeit-Lampe, fast wie ein Schwarzes Loch, mit doppelter überlagernder quadratischer Form gedacht wird. So eine Abkühlung durch zu wenige Lichtwärmephotonen auf der Netzhaut (Augenereignishorizont) müsste insbesondere gut bei Helligkeit für (menschliche) Lebewesen zu beobachten beziehungsweise zu sehen sein. Diese (menschlichen) Lebewesen sollten demnach jetzt zwei schwarzgefärbte Quadrate beobachten können zusätzlich in Überlagerung mit dem restlichen heller wirkendem Wärmebild gemäß ihrer denkbaren Beobachtung durch Masse und Temperatur; das auf unserem Augenereignishorizont (Netzhaut) gleichförmig mithilfe unterschiedlicher, nicht-euklidischer Wärmebereiche gebildet werden müsste. Das dann dazu führen müsste, dass nicht nur sehende menschliche Lebewesen entsprechende Beobachtungen (Wahrnehmungen) machen könnten, sondern vielleicht auch nicht nur erblindende menschliche Lebewesen das Sehen wieder erlernen könnten. An dieser inhaltlichen Stelle muss sofort ein wichtiger Hinweis darauf erfolgen, dass es sich bei der vorliegenden Abhandlung ausschließlich um eine Theorie handelt, also eine Annahme gemäß der wahrnehmbaren Realität über die existierende Wirklichkeit, und damit leider noch keine Hoffnung beispielsweise für blinde Menschen gegeben werden kann beziehungsweise darf, obwohl diese theoretische Möglichkeit der Wiedergewinnung

Kolek, Erik (2024). Über die technologischen Grundlagen der interstellaren Raumfahrt. In: *Chroniken der Wirtschaftsinformatik-Physik (CWIP)*. Band 3, Auflagen-Nr. 1.0. ISBN: 9783759705549.

des Augenlichts mittels der Quantenmedizin vielleicht wirklich möglich erscheinen könnte.

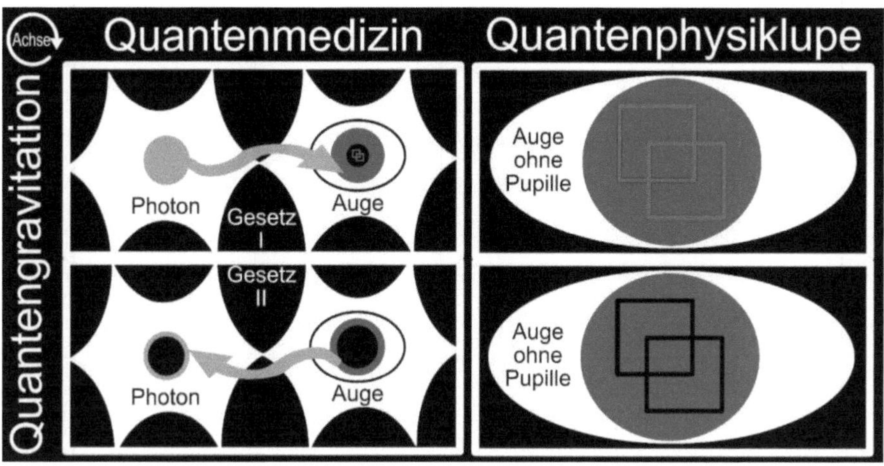

Abbildung 2. Die auf Quantengravitationsphysik bestehende Quantenmedizin des menschlichen Auges unter der Quantenphysiklupe.

Jetzt habe ich bisher vernachlässigt, dass es sich beim (menschlichen) Augenereignishorizont anscheinend nicht um eine zweidimensionale kreisrunde Oberfläche handelt (Abbildung 3). Der (menschliche) Augenereignishorizont erscheint mir betrachte ich jetzt gedanklich das menschliche Auge unter der Quantenphysiklupe, sich eher um eine dreidimensionale nicht ganz einer sphärischen Geometrie entsprechenden, also eher um eine quasi-elliptische Oberfläche zu handeln. Jedes Auge sollte daher unabhängig vom jeweiligen (menschlichen) Lebewesen eine eigene Topologie der Oberfläche aufweisen, beispielsweise sieht das untere Auge etwas ungleichförmig aus, obwohl allgemein alle Augen gleichförmig funktionieren müssten, auch gemäß der speziellen und allgemeinen Relativitätstheorie müsste das so sein (Einstein, 1905; Einstein, 1916). Von außen kann allgemein die Regenbogenhaut, diese nennen wir fachlicher gesagt Iris, mit ihren unterschiedlichen gemäß der Quantentopologie begründeten Strukturen und Mustern wie vertieften Strichen gesehen werden. Innen im Augenereignishorizont stelle ich mir rein

Kolek, Erik (2024). Über die technologischen Grundlagen der interstellaren Raumfahrt. In: *Chroniken der Wirtschaftsinformatik-Physik (CWIP)*. Band 3, Auflagen-Nr. 1.0. ISBN: 9783759705549.

gedanklich vor, dass sich diese Strukturen und Muster nach dem Äquivalenzprinzip von Albert Einstein wieder finden lassen, also einfach gesagt wiederholen, jedoch verdeckt sind durch eine abgedunkelte quasi-sphärisch gestaltete Art von Lichtwärmefilterhaut. Jetzt sollte gleichzeitig verständlich sein, dass die Lichtwärmephotonen auf keine Ebene sondern auf einen gekrümmten Raum-Zeit-Bereich im (menschlichen) Auge aufschlagen beziehungsweise kollidieren, der entsprechend der Menge an Lichtwärmephotonen sich aus irgendeinem Grund zu heben beziehungsweise zu senken in der Lage sein müsste. Dieser Grund wird im nächsten Absatz eingeführt. Die Farbe der Iris sollte ebenfalls einen Einfluss auf die Sehfähigkeit des jeweiligen (menschlichen) Auges haben, umso heller diese ist, um besser kann dieses Lebewesen wahrscheinlich sehen, aber leider genauso gut erblinden. Mit einer dunkler gefärbten Iris könnte es also bei entsprechend gleichem Lichtwärmeeinfalls wirklich möglich sein, besser zu sehen als andere (menschliche) Lebewesen, die über eine heller gefärbte Iris verfügen, weil diese eine schlechtere theoretische Möglichkeit besitzen müssten zu erblinden, zu mindestens nicht mit einer gleichförmigen geradlinigen Geschwindigkeitsbewegung auch wenn eine hohe Menge an Lichtwärmephotonen ins (menschliche) Auge fallen sollten. Es könnte sogar vorstellbar sein, dass es Menschen beziehungsweise andere Lebewesen geben könnte, die wirklich die Quantenwelt der Physik zu sehen in der Lage sind, beispielsweise die kleinen unterschiedlich schnell hin und her hüpfenden kugelrunden aber verzogenen Luftteilchen in unserer Erdatmosphäre. Da es uns aber gemäß dem Standardmodell der Physik beigebracht wurde, dass wir die Teilchen nicht sehen können, sollten wir diese auch wirklich niemals sehen können, da unser Gehirn diese erlernte Information unbewusst entsprechend umsetzen könnte; dabei handelt es sich jedoch lediglich um eine noch nicht evaluierte Annahme. Bisher haben wir also das (menschliche) Auge zwar unter der Quantenphysiklupe betrachtet, jedoch noch nicht ausreichend genug dessen Quantentopologie gedanklich einbezogen, welche eine wirklich entscheidende Aufgabe hinsichtlich des Sehens als auch Erblindens von

Kolek, Erik (2024). Über die technologischen Grundlagen der interstellaren Raumfahrt. In: *Chroniken der Wirtschaftsinformatik-Physik (CWIP)*. Band 3, Auflagen-Nr. 1.0. ISBN: 9783759705549.

Lebewesen, wie beispielsweise dem Menschen aber auch von Tieren, innehaben sollte.

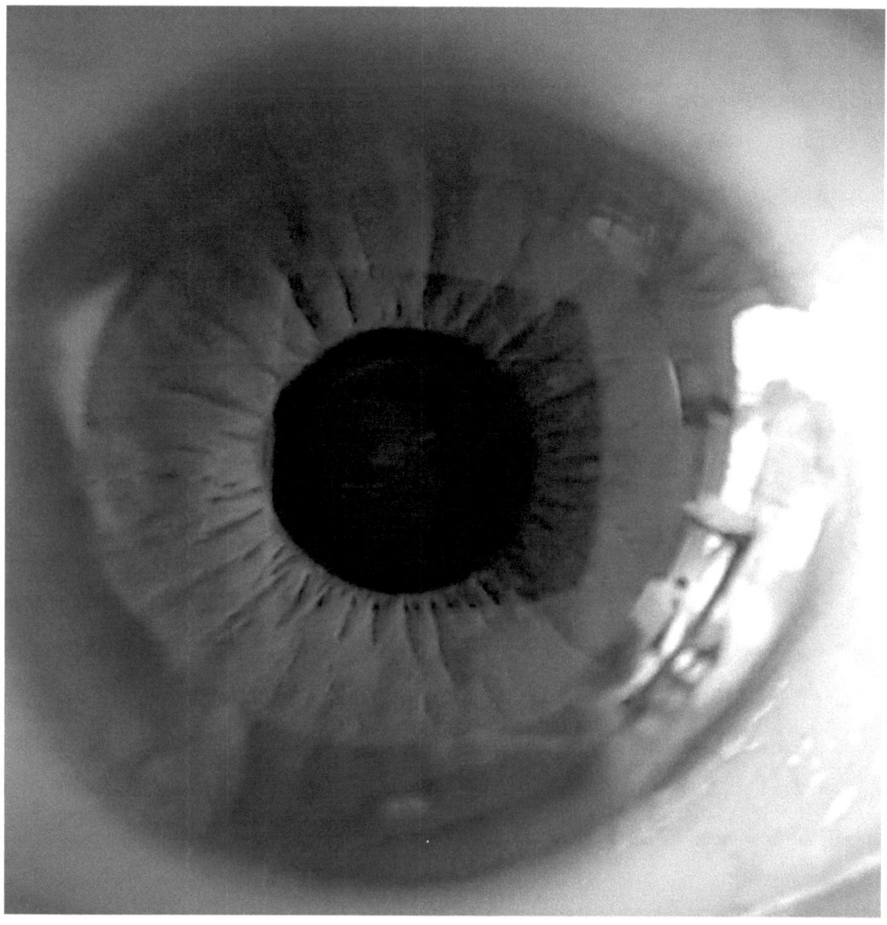

Abbildung 3. Das menschliche Auge unter der Quantenphysiklupe.

Übertrage ich jetzt die eben beschriebene Quantentopologie auf die Quantenmedizin des (menschlichen) Auges, so muss ich den Grund für das denkbare Heben beziehungsweise Senken innerhalb der Iris bestimmen (Abbildung 4). Dieser Grund für das Sehen beziehungsweise Erblinden könnte dadurch gegeben sein, dass wenn Lichtwärmephotonen in hoher Anzahl auf die quasi-elliptische bei den meisten

Kolek, Erik (2024). Über die technologischen Grundlagen der interstellaren Raumfahrt. In: *Chroniken der Wirtschaftsinformatik-Physik (CWIP)*. Band 3, Auflagen-Nr. 1.0. ISBN: 9783759705549.

Sehorganen wahrscheinlich nach innen gewölbte Augenoberfläche auftreffen, dann steigt die körperwarme Irismasse TM entsprechend der hinzukommenden Temperaturmasse TM der Lichtwärmephotonen an und zwar nur in dem Raum-Zeit-Wärmebereich (Netzhaut), auf dem die verschiedenen mit Energie geladenen Lichtwärmephotonen aufschlagen, das bedeutet, der Augenereignishorizont (Netzhaut) senkt sich entsprechend proportional aufgrund der Bezugskörper-geschwindigkeit v beim Aufschlag der heißeren Photonenmasse auf die kältere körperwarme Zellenmasse. Diese Kollision von Lichtwärmephotonen innerhalb unseres Auges sollte uns ganz leichte, aber trotzdem nicht spürbare Schmerzen bereiten, welche nicht nur wir Menschen über die Nervenbahnen an das Gehirn entsprechend als ein Sehfeld bestehend aus unterschiedlich temperierten, daher unterschiedlich schmerzenden Punktmassen wahrzunehmen beziehungsweise zu sehen fähig sein müssten. Daraus müsste auch folgen, dass unser Gehirn lediglich Schmerzen über die Nervenbahnen empfangen könnte, also auch bei angenehmen, eher sachten Berührungen; aufgrund dessen wäre eine bestehende Schmerzskala entsprechend dieser neuen quantenmedizinbasierten Neurologie anzupassen, indem sich verantwortliche Ärzte Gedanken machen sollten über ein passenderes Bezugssystem, wodurch beispielsweise auch Narkosen viel sicherer für das Leben werden sowie alle Arten von Operationen mit weniger Komplikationen verlaufen sollten. Stelle ich mir, obwohl ich natürlich kein Arzt bin, rein gedanklich zwei übereinanderliegende Galileische Koordinatensysteme K und K' jetzt aufgrund dieser Notwendigkeit einer innovativeren Schmerzskala vor, so könnte ausgehend von einem gemeinsamen Ursprungspunkt beider Bezugssysteme, dieser sollte bei jedem (menschlichen) Lebewesen unterschiedlich positioniert sein, das negative Senken aufgrund des Einbrennens der Lichtwärmephotonen in den Raum-Zeit-Wärmebereich (Augenereignishorizont) nachvollziehbar begründet sein. Das bedeutet aber auch, dass beispielsweise die beiden überlappenden quadratischen heißeren Körperformen K tiefer liegen sollten als Raum-Zeit-Regionen K' auf die kälter strahlende Lichtwärmephotonen einschlagen, also gemäß der Quantenmedizin wahrscheinlich

Kolek, Erik (2024). Über die technologischen Grundlagen der interstellaren Raumfahrt. In: *Chroniken der Wirtschaftsinformatik-Physik (CWIP)*. Band 3, Auflagen-Nr. 1.0. ISBN: 9783759705549.

bestehenden Quantentopologie des (menschlichen) Auges die Iris stärker beeinflussen und demnach auch stärker senken könnten. Genauso sollte es sich auch im umgekehrten auf das denkbare Körperuniversum bezogene Augenmodellszenario (Augenkontinuum) möglich sein im Falle einer Abkühlung der dunkler gefärbten quadratischen Raum-Zeit-Wärmeregionen K die proportional sich wieder heben sollten, sobald die Temperaturmasse TM der Iris und den in geringerer Anzahl eintreffenden Lichtwärmephotonen TM sinkt also die Raum-Zeit-Wärmeregionen K' bis maximal zum Ursprungspunkt entsprechend positiv gemäß der Bezugskörpergeschwindigkeit v proportional wieder ansteigt. Nicht nur mittels der Quantentopologie können also noch dunkel erscheinende Theoriebereiche mit Wissen erhellt werden, so zum Beispiel im Falle der Quantenmedizin, die auf Grundlage der Quantengravitationstheorie (Kolek, 2024) ableitbar ist; es handelt sich hierbei jedoch nicht um eine Erfahrbarkeitstheorie, welche allgemein induktiv also herleitend aufgebaut werden sollte, sondern ganz im Gegenteil um eine deduktive Theoriebildung, die helle nun theoretisierbare Erkenntnisbereiche der induktiven Erfahrbarkeitstheorie über die Wahrheit zugänglich machen soll; also zum Beispiel für empirische Forschung in der Quantenmedizin.

Kolek, Erik (2024). Über die technologischen Grundlagen der interstellaren Raumfahrt. In: *Chroniken der Wirtschaftsinformatik-Physik (CWIP)*. Band 3, Auflagen-Nr. 1.0. ISBN: 9783759705549.

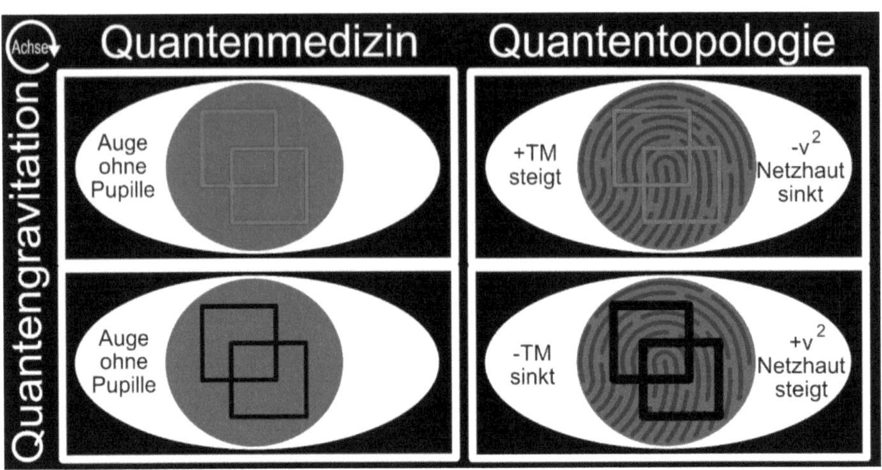

Abbildung 4. Die auf Quantengravitationsphysik bestehende Quantenmedizin und ihre Quantentopologie.

Aber da das (menschliche) Auge eine Pupille aufweist, deren Lichtwärmefilterfunktion unbewusst im Gehirn über π ablaufen sollte, weil ansonsten alle (menschlichen) Lebewesen bewusst ihre Pupillenfunktion steuern müssten als ob sie ein anderes Körperteil von ihnen bewegen wollen würden, muss jetzt gedanklich die Pupille dem (menschlichen) Auge wieder zugeordnet werden (Abbildung 5). Damit sollte das beschriebene Augenmodellkontinuum (Augenuniversum) gemäß seiner Funktion exakt erweitert und vollständig erklärt sein sowie entsprechend unverändert nutzbar sein für eine neue wahrscheinlich revolutionäre Quantentechnologie, die ich als Visierquantentechnologie bezeichnet habe. Die automatisierte Steuerung dieser Visierquantentechnologie könnte beispielsweise über die messende Physik erfolgen, indem allgemein Lumenveränderungen, also die beschriebene Verschiebung der Galileischen Koordinatensysteme für die unterschiedlichen Raum-Zeit-Wärmebereiche des künstlichen Auges (K relativ hinsichtlich K'), beobachtet werden und im Falle einer Steigerung der Helligkeit die Pupille entsprechend automatisiert kleiner gesteuert werden müsste, damit kein überstrahltes, weißes Lichtwärmebild im (menschlichen) Gehirn gemäß seiner

Kolek, Erik (2024). Über die technologischen Grundlagen der interstellaren Raumfahrt. In: *Chroniken der Wirtschaftsinformatik-Physik (CWIP)*. Band 3, Auflagen-Nr. 1.0. ISBN: 9783759705549.

Neurologie entstehen könnte. Für den Fall einer höher werdenden Dunkelheit sollte also der gemessene Zahlenwert für die Lumeneinheit ebenfalls sinken, dementsprechend müsste die automatisierte Anpassung der Pupille größer ausfallen, damit ein Sehen durch die Visierquantentechnologie für (menschliche) Lebewesen rein theoretisch wieder eine Möglichkeit und möglicherweise auch eine Verbesserung des Sehens darstellen könnte, zum Beispiel für in Dunkelheit auszuführenden Tätigkeiten wäre es beispielsweise sinnvoll abzuwägen ob mindestens ein künstliches Auge notwendig und hilfreich sein könnte. Das könnte beispielsweise im luftleeren Raum (Vakuum) unseres immer schneller wachsenden Universums wirklich der physikalische Fall sein. Bei der Visierquantentechnologie handelt es sich demgemäß um eine möglichweise auf Grundlage eines nach der Quantentopologie weiterentwickelten Hitzesensors funktionierende Augenprothese mit einer integrierten Liedfunktion für das Schlafen und Ausruhen, denn ansonsten wäre es immer hell und daher sollte sich das hierbei ansonsten störend auswirken. Die Visierquantentechnologie wurde inhaltlich fundamental auf der Quantenmedizin aufgebaut, welche wiederum gemäß der Quantengravitationstheorie (Kolek, 2024) entwickelt ist, und erscheint daher rein theoretisch auch wirklich machbar zu sein. Trotz der vorliegenden Theoriearbeit muss noch viel Arbeit in die Entwicklung von Prototypen gesteckt werden, das kostet viel Zeit und Geld nicht nur in Unternehmenskooperationen, nur so könnte eine marktreife dieser Augenprothese verwirklicht werden, sollte diese auch wirklich funktionieren, hierfür fehlt leider noch der Anschluss an das (menschliche) Körperuniversum; diese denkbare Verbindung soll nachfolgend theoretisiert werden. Hier an dieser Stelle erfolgt nochmal der wichtige Hinweis: Ich möchte auf gar keinen Fall falsche Hoffnungen bei allen blinden Menschen sowie sonstigen Lebewesen auf der Welt wecken, sondern lediglich eine theoretische Möglichkeit für eine höchst innovative Visierquantentechnologie aufzeigen und erklären, damit deren Hoffnung wahrscheinlich möglicherweise in Zukunft in Erfüllung gehen könnte; mehr auf keinen Fall.

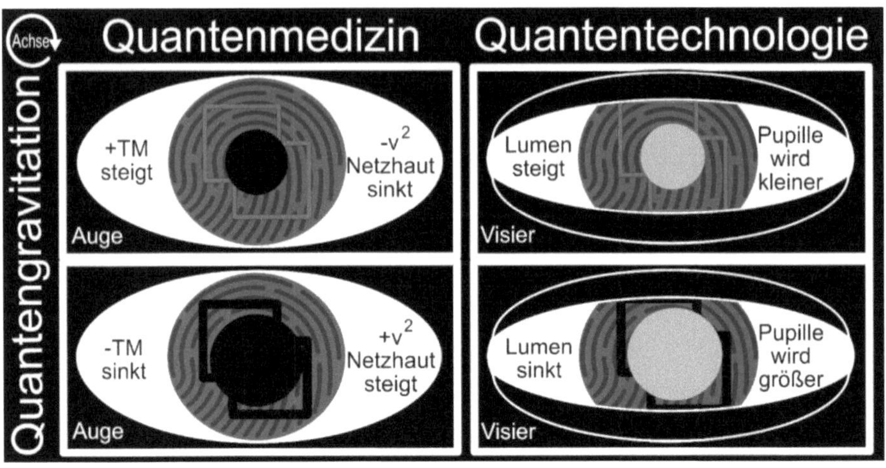

Abbildung 5. Die auf Quantengravitationsphysik bestehende Quantenmedizin als eine Grundlage für die Entwicklung einer Visierquantentechnologie (Modell 1 von 3).

Für die Verbindung einer Quantentechnologie wie dem Visier mit einem (menschlichen) Körperuniversum muss herausgefunden werden, woraus Lebewesen wie Menschen eigentlich bestehen also aus welchen Elementen der Quantenchemie genau (Abbildung 6). Allgemein ist bekannt, dass Menschen aus Kohlenstoff bestehen sollten, das kann ich (noch) nicht wiederlegen, jedoch erscheint es so als würde die menschliche Haut unter der Quantenphysiklupe glitzern. Dieses Glitzern habe ich auch testweise an einem anderen Menschen und unterschiedlichen Körperstellen entdecken können, wie auf dem unteren Bild zu sehen ist. Bei dem Glitzern handelt sich meiner Meinung nach nicht um getrockneten Schweiß der auf der menschlichen Haut auch zu finden sein sollte, jedoch anders aussieht eher wie getrocknete Salzkristalle, deswegen denke ich wir Menschen bestehen möglicherweise aus einer Kohlenstoff-Silizium-Verbindung, insbesondere unsere neuronalen Bahnkurven könnten größtenteils aus Silizium und weniger aus Kohlenstoff aufgebaut sein. Allgemein ist Silizium bekannt für sein charakteristisches Glitzern, das ich anscheinend auch beim Menschen sehen (beobachten) konnte; insbesondere der mit Messstäben (Teststäben) versehene Rand des Bildes ist auffällig glitzernd gestaltet

Kolek, Erik (2024). Über die technologischen Grundlagen der interstellaren Raumfahrt. In: *Chroniken der Wirtschaftsinformatik-Physik (CWIP)*. Band 3, Auflagen-Nr. 1.0. ISBN: 9783759705549.

und gemustert; hierbei spielt die Oberflächenbeschaffenheit also weniger eine wichtige Rolle, welche hauptsächlich nicht-euklidischen Dreiecken sowie sonstigen geometrischen Strukturen nicht-euklidischer Beschaffenheit wie Vierecken nahe kommt, wodurch auch pathologische Veränderungen des menschlichen Hautbilds durch Ärzte besser überprüfbar sein sollten, also zum Beispiel ob sich aus einem harmlosen Muttermal schrittweise ein schwarzes Melanom entwickelt. Vielleicht könnte so der Hautkrebsanteil nicht nur von menschlichen Lebewesen in der Welt durch Ärzte mittels Früherkennung weiter gesenkt werden dank der von mir theoretisierten Quantenmedizin. Die Quantenmedizin sollte also wirklich vielfältige neue Möglichkeiten bieten für die erfolgreiche, pro-aktive Behandlung nicht nur von Menschen; es handelt sich demgemäß um einen völlig neuen Forschungsansatz der insbesondere von mir gedacht ist für die Human- und Veterinär-Medizin.

Kolek, Erik (2024). Über die technologischen Grundlagen der interstellaren Raumfahrt. In: *Chroniken der Wirtschaftsinformatik-Physik (CWIP)*. Band 3, Auflagen-Nr. 1.0. ISBN: 9783759705549.

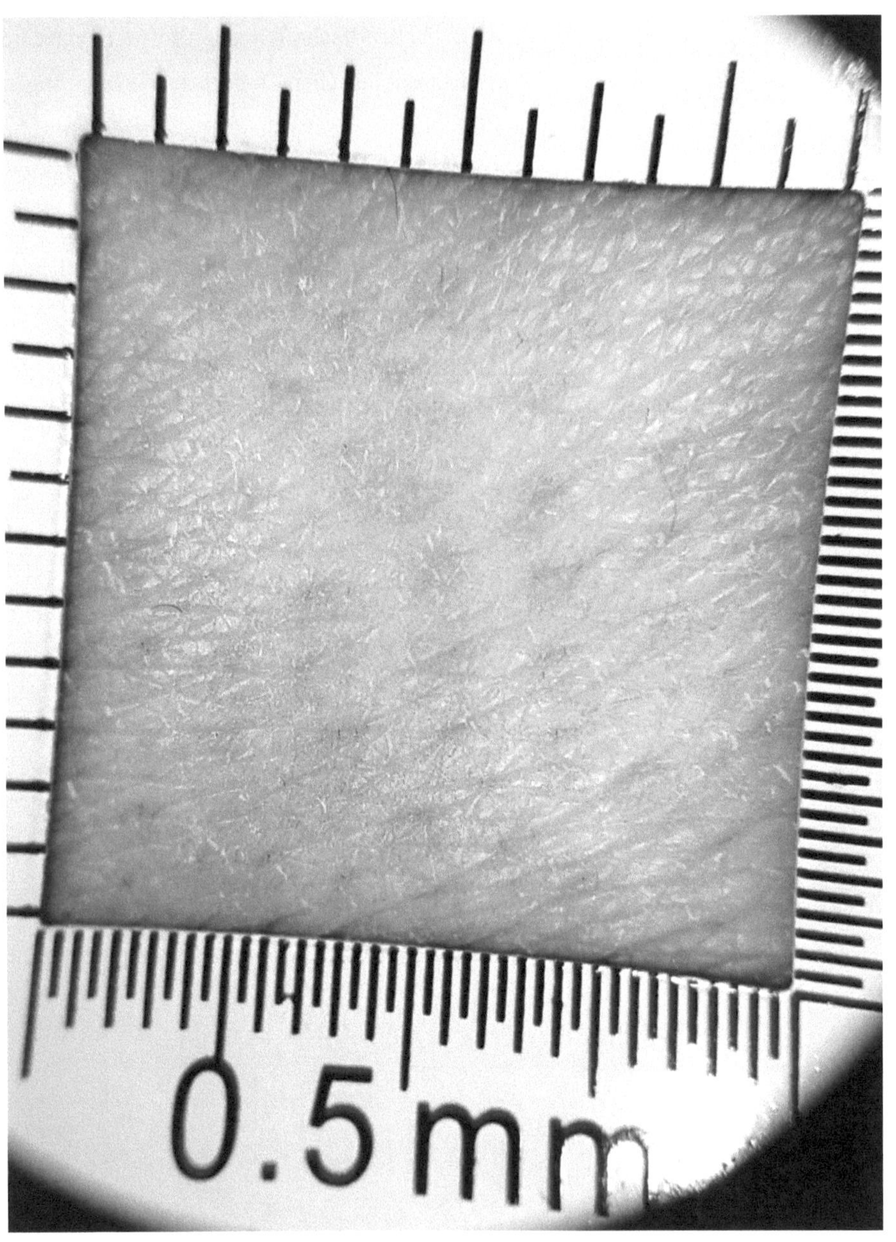

Abbildung 6. Die menschliche Haut glitzert unter der Quantenphysiklupe.

Kolek, Erik (2024). Über die technologischen Grundlagen der interstellaren Raumfahrt. In: *Chroniken der Wirtschaftsinformatik-Physik (CWIP)*. Band 3, Auflagen-Nr. 1.0. ISBN: 9783759705549.

Schließlich möchte ich für die Verbindung einer Quantentechnologie wie dem Visier mit einem (menschlichen) Körperuniversum ein Kohlenstoff-Silizium-Nanoröhrchen für die Nutzung in der Quantenmedizin in der Praxis vorschlagen (Abbildung 7). Dieses flexible Röhrchen zur Verbindung einer Quantentechnologie mit dem Körper besteht deswegen aus einem inneren Siliziumleiter sowie einem äußerem Kohlenstoffhitzeblocker, der die ebenfalls flexible Ummantelung des Röhrchens darstellt. Das über das Kohlenstoff-Silizium-Nanoröhrchen verbundene quantentopologische, hitzesensorbasierte Visier könnte in der Augenhöhle nicht nur des Menschen über die Papille mit dem Sehnerv verankert werden, indem beispielweise eine medizinische Klammer gesetzt, eine Verödung gemacht werden, ein einfaches tieferes Einstecken erfolgen oder ein Schnitt mit anschließendem Vernähen stattfinden könnte; letzten Endes könnte eine wirklich funktionierende Verbindung lediglich mittels medizinischer Entwicklung eines Prototyps vollumfänglich geklärt werden. Das von mir erdachte Kohlenstoff-Silizium-Nanoröhrchen sollte jedoch allgemein das bisher größte Potenzial für eine erfolgreiche Verbindung von Prothesen mit dem Körper über dessen Nervenbahnen darstellen, wie zum Beispiel für Augenprothesen aber auch für andere (fehlende) Körperteile wie eine Unterarmprothese mit einer wie eigentlich gewohnt willentlich bewegbaren Hand. Die Quantenmedizin könnte demnach die Grundlage für eine erfolgreiche Bionik nicht nur des Menschen darstellen. Sollte diese Quantentechnologie wirklich funktionieren so müsste deren Funktion durch die Patienten entsprechend eingeübt werden, unter Umständen müssten Bewegungen neu gelernt oder Farben neu interpretiert werden, da diese gemäß einer Mensch-Maschine-Interaktion bildlich über das Hitzevisier erzeugt werden könnten, gegebenenfalls könnte man sogar nur blau und rot sehen (beobachten), jedoch selbst dieses Blau-Rot-Sehen wäre eine hervorragende Lösung für eine nicht nur für Menschen nutzbare Visieroptik. Im Falle der Quantentechnologie, wie dem Visier, müsste jedoch immer eine rechenintensive Feineinstellung notwendig sein, denn vielleicht kommt kein oder nur ein schlechtes Bild im Gehirn des Patienten (Testprobanden) an und das trotz der

Kolek, Erik (2024). Über die technologischen Grundlagen der interstellaren Raumfahrt. In: *Chroniken der Wirtschaftsinformatik-Physik (CWIP)*. Band 3, Auflagen-Nr. 1.0. ISBN: 9783759705549.

ganzen von mir erdachten quantentechnologischen Raffinesse. Das könnte möglicherweise auch an der Frequenz der Signalübertragung liegen, sowie andere noch nicht abschätzbare Gründe haben, und obwohl das Kohlenstoff-Silizium-Nanoröhrchen wirklich funktionieren könnte; hier wäre also eine Fehlinterpretation einer scheinbar nicht vorhandenen Funktion denkbar. Auf eine nur vielleicht nicht gegebene Sehfunktion sollte bei der Entwicklung eines medizinischen Prototyps unbedingt im Interesse aller potenziellen Patienten geachtet werden, möglicherweise müsste dafür die erdachte Verbindung des Kohlenstoff-Silizium-Nanoröhrchen nochmals optimiert werden, indem das Röhrchen (eventuell mit einem geringerem oder ohne Kohlenstoffanteil) weiter im Durchmesser verkleinert und gleichzeitig der Siliziumleiter feiner und noch leitfähiger wird.

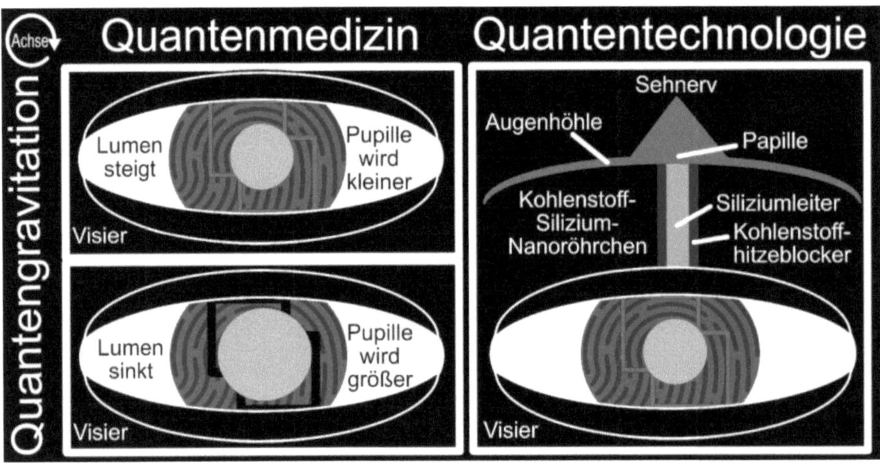

Abbildung 7. Die auf Quantengravitationsphysik bestehende Quantenmedizin als eine Grundlage für die Entwicklung einer Visierquantentechnologie (Modell 2 von 3).

Es sind auch noch fantastischere Quantentechnologievarianten von Augenprothesen wie dem Visier denkbar (Abbildung 8). Es handelt sich hierbei um einen alternativen Vorschlag für die Entwicklung eines Prototyps hinsichtlich der Visierquantentechnologie; hier sollte ebenfalls wie bei der allgemein dem (menschlichen) Auge nachempfundenen Quantentechnologie eine Nachtsichtfunktion

Kolek, Erik (2024). Über die technologischen Grundlagen der interstellaren Raumfahrt. In: *Chroniken der Wirtschaftsinformatik-Physik (CWIP)*. Band 3, Auflagen-Nr. 1.0. ISBN: 9783759705549.

integrierbar sein über den quantentopologischen Hitzesensor, der über zwei getrennte Kohlenstoff-Silizium-Nanoröhrchen mit dem Gehirn verbunden werden könnte. Das Visier könnte daher aufgeteilt werden in die zwei Seiten A und B für den linken und rechten Augentechnologieanschluss am jeweiligen Sehnerv über die Papille und einer völlig anderen Bauweise folgen. Diese futuristische Bauweise könnte rechteckig nach hinten über die (menschlichen) Ohren gebogen ähnlich einer Brille gedacht werden, anstatt einer Pupille könnten entsprechend funktionale Sehschlitze mit einem voneinander gleichförmigen Abstand eingesetzt werden. Der klare Vorteil gegenüber einem künstlichen Augenvisier könnte sein, dass es sich hierbei um ein günstigeres, einheitlicheres quantenmedizinisches Sehgerät handeln könnte, das nicht mehr wie die davon abweichende Luxusvisiervariante an die jeweilige Augenhöhle und gewünschte Pupillenform angepasst werden müsste; das könnte der klar ersichtliche Vorteil des Universalvisiers als eine innovative Quantentechnologievariation sein. Das Visier sollte also über eine Wärmesichtfunktion und über ein individuell anpassbares, erweitertes Sehfeld verfügen, das speziell nachts beziehungsweise bei Dunkelheit sinnvoll zum Einsatz (in der Raumfahrtpraxis) kommen könnte; gedacht sein könnte es jedoch hauptsächlich für den Einsatz in dunklen mindestens vierdimensionalen Raum-Zeit-Bereichen unseres immer schneller expandierenden Universums. Es müssten für dessen Nutzung bei Patienten stets ethische Gründe durch Ärzte abzuwägen sein, falls irgendwann wirklich Raumfahrern als Patienten solche Universalvisiere oder Individualvisiere eingesetzt werden sollten, obwohl diese noch über ein oder mehrere gesunde Augen verfügen sollten. Also nur weil man mit einem zweiten künstlichen Auge als ein Ersatz für ein (gesundes) Auge physikalisch vielleicht besser sehen könnte, zum Beispiel nachts, heißt das aber noch lange nicht für Ärzte, dass das ethisch sinnvoll beziehungsweise vertretbar erscheinen könnte. Die sonstig vielleicht zukünftig möglichen Anwendungsfelder solcher Quanten-technologievarianten wie dem Universalsehgerät beziehungsweise Individualsehgerät könnten natürlich Maschinen nicht nur in der Produktion, allgemein vor allem Roboter, die vielleicht jetzt sogar irgendwann auch in unseren Haushalten für uns

Kolek, Erik (2024). Über die technologischen Grundlagen der interstellaren Raumfahrt. In: *Chroniken der Wirtschaftsinformatik-Physik (CWIP)*. Band 3, Auflagen-Nr. 1.0. ISBN: 9783759705549.

arbeiten könnten, und möglicherweise sonstige Lebewesen wie Tiere sein; in der Veterinärmedizin könnten beispielsweise Katzen demnach fast genauso wie vorher auch bei Dunkelheit wieder mehr sehen als Menschen mit gesunden Augen. Als eine bestehende quantentechnische Limitation der Visierquantentechnologie sollte noch die auf der Elektrodynamik nach Maxwell (Einstein, 1905) basierende Stromversorgung erwähnt sein, die zu integrierende wieder aufladbare Lithiumbatterie sollte bei der heute vorhandenen Entwicklungsstufe geschätzt etwa 12 bis 24 Stunden also maximal einen Tag durchhalten; hier hat das Universalvisier noch einen leicht verständlichen Vorteil, denn hier könnte ein noch viel größerer Lithiumakkumulator eingesetzt werden. Abschließend als ein wichtiger Hinweis gilt nach wie vor folgendes: Es handelt sich bei der vorliegenden Abhandlung nur um eine wissenschaftliche jedoch trotzdem noch futuristische Theorie, die eine theoretische Möglichkeit für die Entwicklung einer Quantentechnologie wie dem Universalvisier beziehungsweise Individualvisier beschreiben soll, jedoch keinesfalls in irgendeiner Weise eine Gewährleistung beziehungsweise Garantie hinsichtlich einer erfolgreichen Quantentechnologieentwicklung einer entsprechenden künstlichen Augenprothese wissentlich vermitteln darf beziehungsweise soll.

Kolek, Erik (2024). Über die technologischen Grundlagen der interstellaren Raumfahrt. In: *Chroniken der Wirtschaftsinformatik-Physik (CWIP)*. Band 3, Auflagen-Nr. 1.0. ISBN: 9783759705549.

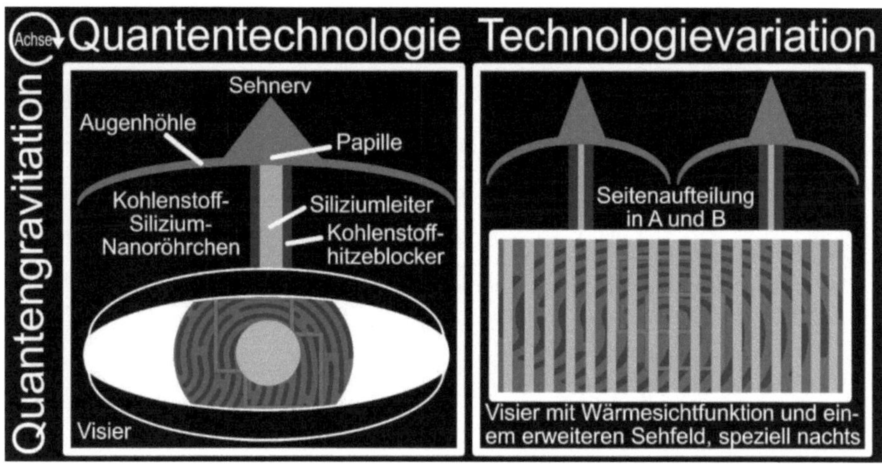

Abbildung 8. Die auf Quantengravitationsphysik bestehende Quantenmedizin als eine Grundlage für die Entwicklung einer Visierquantentechnologie (Modell 3 von 3).

Referenzen

Einstein, A. (1905). Ist die Trägheit eines Körpers von seinem Energiegehalt abhängig? *Annalen der Physik 18(13)*, S. 639–641.

Einstein, A. (1916). Die Grundlage der allgemeinen Relativitätstheorie. *Annalen der Physik 354(7)*, S. 769–822.

Kolek, E. (2024). Hängt die Trägheit eines sehr kleinen Körpers von seinem Energiegehalt ab?. In: *Über die physikalischen Grundlagen der interstellaren Raumfahrt.* Chroniken der Wirtschaftsinformatikphysik (CWIP). Band 2, Auflagen-Nr. 1.0.

Newton, I. (1687). *Philosophiae Naturalis Principia Mathematica.* 1. Auflage. Jussu Societatis Regiae ac typis Josephi Streater, London 1687 (http://cudl.lib.cam.ac.uk/view/PR-ADV-B-00039-00001/9 [besucht am 08.05.2024]).

Kolek, Erik (2024). Über die technologischen Grundlagen der interstellaren Raumfahrt. In: *Chroniken der Wirtschaftsinformatik-Physik (CWIP)*. Band 3, Auflagen-Nr. 1.0. ISBN: 9783759705549.

Inhaltsübersicht

In diesem Forschungsartikel wird eine Quantentechnologie entwickelt, die auf der Theorie der Quantengravitation beruht. Dabei handelt es sich um eine Augenprothese für den Menschen. Sie sollte in der Lage sein, blinden Menschen das Augenlicht wiederzugeben. Die Entwicklung eines Prototyps auf der Grundlage dieser Theorie wird zeigen, ob dies tatsächlich funktioniert oder nicht.

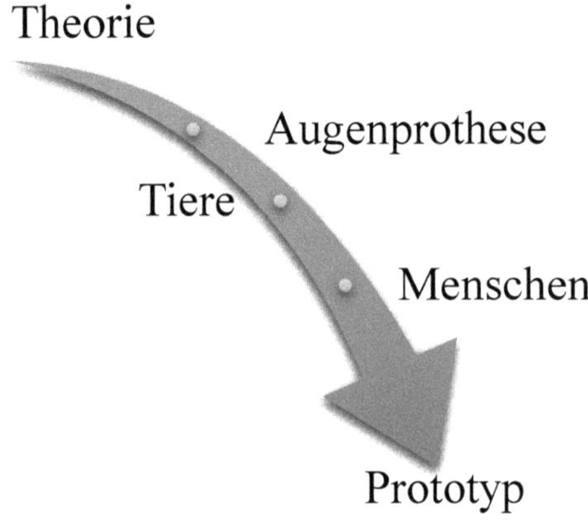

Abbildung 9. Inhaltsübersicht dargestellt durch die Bedeutung der Theorie der Quantentechnologie.

Wissenschaftliche Zitierung:

Kolek, Erik (2024). Die theoretische Möglichkeit einer quantenastrophysikalisch begründeten Warpantriebquantentechnologie mit einer maximalen konstanten Lichtrelativgeschwindigkeit v mit der Höchstfaktorkonstanten 10c. In: *Über die technologischen Grundlagen der interstellaren Raumfahrt.* Chroniken der Wirtschaftsinformatik-Physik (CWIP). Band 3, Auflagen-Nr. 1.0.

Erik Kolek (2024)

Die theoretische Möglichkeit einer quantenastrophysikalisch begründeten Warpantriebquantentechnologie mit einer maximalen konstanten Lichtrelativgeschwindigkeit v mit der Höchstfaktorkonstanten 10c

Zusammenfassung

Die vorliegend Theorie über eine souveräne Raumschiffklasse startet bei dem ersten Bauteil, das aus einer theoretischen Möglichkeit einer quantenastrophysikalisch begründeten Warpantriebquantentechnologie mit einer maximalen konstanten Lichtrelativgeschwindigkeit v mit der Höchstfaktorkonstanten von bis zu 10c besteht. Dazu wird auf quantenastrophysikalischer Grundlage der Quantengravitationstheorie von Erik Kolek zuerst eine einfacher umsetzbare Down-to-Earth-Warpantriebquantentechnologie mit der erdachten Typennummer ZC-2063 mit nur einer maximalen konstanten Lichtrelativgeschwindigkeit v gemäß der etwas geringeren Höchstfaktorkonstanten von bis zu 2c abgeleitet, die als eine phoenixschnelle Raumschiffrakete nun zu bauen möglich sein sollte. Da es sich jedoch bei einer fortschrittlichen Warpantriebquantentechnologie um eine Erzeugung von Quantenmassetemperatur handeln sollte, musste am Beispiel der Erde und Mars ein übereinstimmendes allgemeines Naturgesetz abgeleitet werden, dazu wird anhand eines Marsfotos von der NASA gelernt, dass auf beiden sehr großen Körpern Windteufel existieren, die als ein Gedankenbeispiel für existierende Unterschiede der

Kolek, Erik (2024). Über die technologischen Grundlagen der interstellaren Raumfahrt. In: *Chroniken der Wirtschaftsinformatik-Physik (CWIP)*. Band 3, Auflagen-Nr. 1.0. ISBN: 9783759705549.

Atmosphärenteilchenmassetemperaturen zu verstehen sind. Diese temperaturmassereichen Erkenntnisse werden wiederum zur quantentechnologischen Weiterentwicklung des Warpantriebs mit der Typenkennzeichnung ZC-2063 genutzt, um die fortschrittlichere Quantentechnologievariation des Warpantriebs, jetzt mit der Kennzeichnung E-1701 versehen, zu ermöglichen, indem sich aus dem Subraum-Zeit-Bereich gehoben und auf einer Quantengravitationswelle mitgesurft werden könnte. Das Quantengravitationssurfen könnte ermöglicht werden durch die Aufstellung von neuen auf Albert Einstein astrophysikalisch basierenden Feldgleichungen der Quantengravitation; der maximale Energieimpuls sollte hier dem einer Sternsupernova gleichen und daher sollte der Warpantrieb E-1701 nur mit äußerster Vorsicht am Rande unseres Sonnensystems erstmalig erprobt werden.

Die theoretische Möglichkeit einer quantenastrophysikalisch begründeten Warpantriebquantentechnologie mit einer maximalen konstanten Lichtrelativgeschwindigkeit v mit der Höchstfaktorkonstanten 10c

Die von Erik Kolek (2024) veröffentlichten Resultate über eine Quantengravitationstheorie führten bereits zu einer hervorragend begründenden Theorie hinsichtlich eines theoretischen, quantentechnologiebasierten Warpantriebs, der nun abgeleitet werden soll (Abbildung 1). Der vorliegende Forschungsartikel ist verwandt mit den Arbeiten von Albert Einstein und mit denen von Stephen Hawking. Nach den Erkenntnissen des Autors, der über keinerlei Forschungs- und Praxiserfahrung im Fachgebiet der (theoretischen) Ingenieurwissenschaft verfügt, stellen deren Werke als eine sehr gute Grundlage für die Quantengravitationstheorie (Kolek, 2024) dar, welche die bahnbrechende, quantenastrophysikalische Entwicklung dieser neuen revolutionären, theoretisch möglichen Warpantriebquantentechnologie ermöglicht hat.

Nach Albert Einstein (1905, S. 174) und Erik Kolek (2024) kann folgende Aussage zutreffen: „Die Masse" (Einstein, 1905, S. 174) „und Temperatur" (Kolek, 2024)

Kolek, Erik (2024). Über die technologischen Grundlagen der interstellaren Raumfahrt. In: *Chroniken der Wirtschaftsinformatik-Physik (CWIP)*. Band 3, Auflagen-Nr. 1.0. ISBN: 9783759705549.

„eines" (Einstein, 1905, S. 174) „[...] sehr kleinen" (Kolek, 2024) „Körpers" (Einstein, 1905, S. 174) „sind Maße" (Kolek, 2024) „seines Energiegehaltes, ändert sich die Energie um L, so ändert sich die Masse" (Einstein, 1905, S. 174) „und Temperatur" (Kolek, 2024) „im gleichen Sinne [...]" (Einstein, 1905, S. 174). So erhält Erik Kolek (2024) nach Einstein (1905) eine optimierte Aussage in Form einer Effizienzsteigerung hinsichtlich der Energie $L = E = TMv^2$.

Gemäß dem ersten Gesetz der Quantengravitation (1) von Erik Kolek (2024) emittieren alle Sterne Masse und Strahlung als Lichtwärmephotonen, die auf sehr große und sehr kleine Körper trifft, das die Gravitation auf diesen Körpern beeinflussen sowie steigern sollte. Die sehr großen und sehr kleinen Körper, die in unserem immer schneller expandierenden Universum (Kontinuum) wirklich existieren, sollten durch die Lichtwärmephotonen aller emittierenden Sterne in die Raum-Zeit des luftleeren Raums (Vakuum) hinein gedrückt werden (Kolek, 2024). Das sollte durch ihre individuelle Gravitation bedingt sein aufgrund ihrer jeweiligen Schwere der verfügbaren Materie als auch der hinzukommenden Masse der Lichtwärmephotonen bei der Kollision mit der quasi-sphärischen Oberfläche der sehr großen und sehr kleinen Körper (Kolek, 2024).

(1) Quantengravitationsgesetz $I = G \times [(T_1M_1T_2M_2) / (rV_{Rel})^2] \times (+L/V^2 \times v^2/2)$ (Kolek, 2024)

Gemäß dem zweiten Gesetz der Quantengravitation (2) von Erik Kolek (2024) absorbieren alle Schwarzen Löcher Masse und Strahlung als Lichtwärmephotonen, die mit ihren Ereignishorizonten kollidieren sollten, hier sollten sehr große und sehr kleine Körper nicht von den Lichtwärmephotonen erreicht werden, dass das Gravitationsfeld dieser Körper beeinflussen sowie schwächen sollte. Die sehr großen und sehr kleinen Körper sollten von den Lichtwärmephotonen absorbierenden Schwarzen Löchern aus der Raum-Zeit des luftleeren Raums (Vakuum) herausgezogen werden (Kolek, 2024). Das könnte durch ihre individuelle Gravitation bedingt sein aufgrund ihrer zusammengehörigen Masse und der nicht existenten

Kolek, Erik (2024). Über die technologischen Grundlagen der interstellaren Raumfahrt. In: *Chroniken der Wirtschaftsinformatik-Physik (CWIP)*. Band 3, Auflagen-Nr. 1.0. ISBN: 9783759705549.

Masse der Lichtwärmephotonen, die jetzt mit den Ereignishorizonten der Schwarzen Löcher kollidieren sollten und nicht mehr auf die sehr großen und sehr kleinen Körper aufschlagen könnten (Kolek, 2024). Wenn demnach ein Schwarzes Loch in dem Raum-Zeit-Bereich eines sehr großen als auch sehr kleinen Körpers eintreffen sollte, sollte es auf dem jeweiligen Körper dunkel werden unabhängig von dem Stand eines Planeten wie der Erde zu seinem Stern wie der Sonne, aber das sollte auch unabhängig von der Größe eines Schwarzen Lochs möglich sein (Kolek, 2024).

(2) Quantengravitationsgesetz II $= G \times [(T_1M_1T_2M_2) / (rV_{Rel})^2] \times (-L/V^2 \times v^2/2)$ (Kolek, 2024)

Es ist gemäß den beiden Quantengravitationsgesetzen anzunehmen, dass für eine fortschrittliche Quantentechnologie wie dem Warpantrieb eine einheitliche physikalische mindestens vierdimensionale Logik wie in der Quantenphysik und Astrophysik (Quantenastrophysik) nicht ausgeschlossen erscheint (Kolek, 2024). Die zwei Gesetze der Quantengravitation werden supersymmetrisch, relativistisch modelliert und visualisiert, damit ihre Nützlichkeit für die Quantenastrophysik und Quantentechnologie verständlich wird (Kolek, 2024). Diese modellbasierte Visualisierung umfasst alle vorherig erklärten physikalisch denkbaren Realitäten (Kolek, 2024). Die untere Modellvisualisierung stellt einen mindestens vierdimensionalen Raum-Zeit-Bereich unseres immer schneller expandierenden Universums (Kontinuums) dar (Kolek, 2024). Die abgebildete supersymmetrische Relativitätswirklichkeit sollte die beiden Gesetze der Quantengravitation (1) und (2) auch ohne vertieftes quantenastrophysikalisches Wissen allgemein einfacher verständlich machen (Kolek, 2024). Die zwei Quantengravitationsgesetze sollten in der Quantenastrophysik und Quantentechnologieentwicklung nützlich sein, da sie sich in einer Wechselwirkung hinsichtlich der Masse und Strahlung von Sternen oder Schwarzen Löchern mit sehr großen und sehr kleinen Körpern als auch in einer Wechselwirkung zwischen den hellen oder dunklen sehr kleinen Körpern (Masseteilchen) mit den hellen oder dunklen sehr kleinen Körpern

Kolek, Erik (2024). Über die technologischen Grundlagen der interstellaren Raumfahrt. In: *Chroniken der Wirtschaftsinformatik-Physik (CWIP)*. Band 3, Auflagen-Nr. 1.0. ISBN: 9783759705549.

(Lichtwärmephotonen) befinden sollten (Kolek, 2024). Materieteilchen sollten aufgrund des Quantengravitationsgesetzes I (1) nicht von Lichtwärmephotonen eingeholt werden können (Kolek, 2024). Daher sollten Lichtwärmephotonen ebenfalls nicht von dunklen sehr kleinen Körpern (Materieteilchen) eingeholt werden können und allgemein sollte deswegen das Quantenspektrum gedanklich abgeleitet mit dem Quantengravitationsgesetz II (2) dunkel erscheinen (Kolek, 2024).

Bisher habe ich einen wichtigen Gedanken weggelassen; diesen Gedanken hinsichtlich einer Translationsbewegung eines Bezugskörpers K hinsichtlich des umgebenden Raum-Zeit-Bereichs als Galileisches Bezugssystem K' möchte ich nun ergänzen. Auf der linken Seite der Abbildung 1 sieht man ein quantenastrophysikalisch betrachtetes, offenes System, in dem es aufgrund des Quantengravitationsgesetzes I (1) wahrscheinlich eher nicht zutrifft, dass sich die kleinsten Materieteilchen, diese nennen wir Quanten, von hellen Lichtwärmephotonen auch physikalisch tatsächlich getroffen werden könnten; diese sollten sich immer einen sehr kurzen Teststab (gemessene Strecke) wegbewegen aufgrund der Quantengravitation; ähnlich wie dies die Pole eines Magneten machen bei dem sich gleiche Pole abstoßen und voneinander verschiedene Pole sich gegenseitig anziehen, nur das hier unterschiedliche Quanten dazu tendieren sollten sich gegenseitig abzustoßen und nur übereinstimmende Quanten kollidieren könnten, zu mindestens sollte dies im Vakuum unseres wachsenden Universums sowie aufgrund dessen Massequantentemperatur wahrscheinlich wirklich der quantenastrophysikalisch begründete Fall sein. Demgegenüber kann aufgrund des Quantengravitationsgesetzes II (2) im offenen System gedacht werden, dass auch Materieteilchen wahrscheinlich dunkle Lichtwärmephotonen niemals wirklich einholen könnten.

Bei dieser Betrachtungsweise wurde das Thema Reibung als ein Grund für eine Hitzeentwicklung am Bezugskörper K noch absichtlich vernachlässigt, denn so richtig entsteht die Reibung des Bezugskörpers K (Raumschiff) an dem Bezugssystem K'

Kolek, Erik (2024). Über die technologischen Grundlagen der interstellaren Raumfahrt. In: *Chroniken der Wirtschaftsinformatik-Physik (CWIP)*. Band 3, Auflagen-Nr. 1.0. ISBN: 9783759705549.

(Raum-Zeit-Bereich) durch seine Bewegung erst als eine Wechselwirkung sobald wirklich Translationsgeschwindigkeiten nahe beziehungsweise jenseits der konstanten Lichtrelativgeschwindigkeit c erreicht werden. An dieser Stelle sollten jetzt alle aufmerksamen klassischen Physiker zu mir kritisch sagen, dass nichts schneller sein kann als die gleichbleibende Lichtbewegungsgeschwindigkeit c und das dies durch die Lorentz-Transformation als eine Limitation für die Translationsgeschwindigkeit von Bezugskörpern so vorgegeben ist. Leider stimmt das so nicht ganz, denn Albert Einstein (1905) hatte die Lorentz-Transformation für die Ableitung seiner speziellen Relativitätstheorie genutzt und hatte im Falle seiner allgemeinen Relativitätstheorie (Einstein, 1916) oft und ausdrücklich darauf hingewiesen, dass seine Relativitätstheorie mindestens diesen speziellen aber auch den allgemeinen Theoriebestandteil beinhaltet und sogar mehr Relativitätsmodellaspekte hinzugefügt werden könnten, solange eine deduktive Denkweise hinsichtlich der Relativität und hier vor allem hinsichtlich der gleichbleibenden Lichtgeschwindigkeit c erfolgt. In seiner Arbeit zu seinen Feldgleichungen der Gravitation wies Albert Einstein (1915) darauf hin, dass die allgemeine Relativitätstheorie auch ohne die spezielle Relativitätstheorie seine Gültigkeit hat. Die einzelnen Bestandteile der Relativitätstheorie können auch unabhängig voneinander bestehen bleiben, diese könnten aber auch gegebenenfalls angepasst werden, falls durch Experimente neue Erfahrungen (Beobachtungen) bestätigt würden, oder auch in einem anderen hinzukommenden theoretischen Relativitätskontext gesetzt werden. Nach meiner Interpretation der speziellen und allgemeinen Relativitätstheorie (Einstein, 1905; Einstein, 1916) gilt das Gesetz über die konstante Lichtgeschwindigkeit c nur für Lichtwärmekörper als Bezugskörper, jedoch steht an keiner einzigen Stelle der Werke von Albert Einstein das dies beispielsweise auch für sonstige Quantenkörper wie einer Elektronenmasse oder Temperaturmasse gelten könnte. Deswegen bin ich ganz klar der Meinung, die bisherige Wissenschaft insbesondere die in der klassischen (theoretischen) Physik unterliegt hier einfach gesagt einem Missverständnis hinsichtlich der Theoriebildung,

Kolek, Erik (2024). Über die technologischen Grundlagen der interstellaren Raumfahrt. In: *Chroniken der Wirtschaftsinformatik-Physik (CWIP)*. Band 3, Auflagen-Nr. 1.0. ISBN: 9783759705549.

die mir zur Ableitung der gesamten Relativitätstheorie (spezielle plus allgemeine Relativitätstheorie) einfach erforderlich erscheint, wahrscheinlich hat Albert Einstein hinsichtlich seiner Forschungsmethode viel zu viel Wissen vorausgesetzt, so dass vieles einfach unverständlich für die meisten klassischen Quantenphysiker blieb. Deswegen zitiere ich auch keine anderen Autoren aus der Quantenphysik, weil diese vornehmlich mathematisch teilweise sogar versuchen mehrdimensional mit Integralen zu arbeiten und dabei völlig eine sinnerzeugende Physik vernachlässigen, die es mit Gleichungen, Texten, Modellen und Visualisierungen möglichst verständlich darzustellen gilt. Insbesondere die Wirtschaftsinformatik-Physik zeigt hier ein ganz neues Verständnisbild mittels der supersymmetrischen, relativistischen Modellierung und anschließender Visualisierung auf. Das ist allgemein der Vorteil eines interdisziplinären Forschungsansatzes der auch leichter und dadurch viel schneller wissenschaftliche Fortschritte ermöglichen sollte.

Der Warpantrieb mit der von mir erdachten Typennummer ZC-2063 würde am ehesten einer phoenixschnellen Raumschiffrakete mit wie gewohnt üblicher Bauweise gleichen beziehungsweise ausgestattet sein mit mindestens zwei innen im Zylinder liegenden oder besser seitlich fest angebrachten oder ausfahrbaren Teilchenbeschleunigern (Warpgondeln) zur Richtungsbewegungssteuerung. Es handelt sich hierbei um eine Down-to-Earth-Warpantriebquantentechnologie, die auf Basis dieser hier vorliegenden quantenastrophysikalischen Ableitung direkt konstruierbar und austestbar erscheint, jedoch würde ich hierfür vorschlagen die neue moderne Modellraumfahrt einzuführen, ähnlich wie Modellschiffe die in einer nah beieinander liegenden Flüssigkeit beziehungsweise in diesem Fall in einem weit verstreuten Gas ihre Strecken fahren sollen, denn das sollte eine Menge an Entwicklungskosten einsparen und so dessen erfolgreiche quantentechnologische Umsetzung mit einem kleinem Prototyp ermöglichen. Es ist unbedingt notwendig den ersten Flug eines solchen Raketenwarpraumschiffs gut zu dokumentieren; am besten per Online-Videoschaltung sowie wenn möglich in Echtzeit, damit die ganze Welt das in diesem Moment erleben kann. Die Reichweite dieses Raketenwarpraumschiffs

Kolek, Erik (2024). Über die technologischen Grundlagen der interstellaren Raumfahrt. In: *Chroniken der Wirtschaftsinformatik-Physik (CWIP)*. Band 3, Auflagen-Nr. 1.0. ISBN: 9783759705549.

sollte leider noch ungenügend sein, damit könnte man nur ganz schnell zum Mars oder allerhöchstens plant man genügend Erdzeit ein bis zu Proxima Centauri b reisen, aber ich glaube nicht daran das uns dort eine lebensfreundliche Welt oder sogar außerirdisches intelligentes Leben erwarten würde, höchstens ein viel zu heißer Gesteinsplanet, der jedoch durchaus vielleicht sogar in nicht allzu ferner Gegenwart natürlich als ein thermodynamikbasiertes Kraftwerk für eine Raumstation als Touristenattraktion und Zwischenstopp für interstellare Reisen nutzbar wäre. Ein entsprechend geplanter und umgesetzter Teilchenbeschleuniger, der wie eine Warpantriebgondel zu denken sein sollte, sollte, da dieser sich noch innerhalb des Raum-Zeit-Bereichs bewegt und noch nicht auf demselben Raum-Zeit-Bereich aufliegt, auch nicht auf einer der vielen unterschiedlich starken, das meint hohen Gravitationswellen wie in einem anstatt kurzabständiger Flüssigkeitsquanten dafür langabständigen Gasquanten Raum-Zeit-Meer, das annähernde einfache c bis maximal zweifache c der Lichtgeschwindigkeit v erreicht werden. Flüssigkeitsquanten sollten auf der kleinsten Ebene der Quantenastrophysik exakt den Gasquanten nach dem Äquivalenzprinzip nach Albert Einstein entsprechen; mittels Beobachtung durch das Sehen wäre hier höchstwahrscheinlich kein Unterschied auf kleinster Quantenebene auch nicht durch die experimentelle Physik feststellbar. Die Lichtbewegungskonstante c wird hier als ein von Menschen experimentell für das Licht bestätigter und daher festgelegter Maßstab (Teststab) gedanklich weiterverwendet zur Verdeutlichung von einzelnen Geschwindigkeitsabschnitten, hier bis zu 2c, jedoch nicht im Sinn einer Geschwindigkeitsbegrenzung wie auf einer Raum-Zeit-Raumschiffbahn vielleicht gegeben sein müsste, denn hier sollte keine allgemeine Flugzeitbegrenzung vorliegen also könnte die Geschwindigkeit v wirklich möglich sein. Zusammenfassend könnte dies physikalisch tatsächlich lediglich von der Reibung des Bezugskörpers K am Bezugssystem K' abhängig sein, das bedeutet aber auch, dass dann diese Reibung verringert oder gar neutralisiert werden müsste, sollte die Menschheit jemals eine Warpantriebquantentechnologie mit einer höheren

Kolek, Erik (2024). Über die technologischen Grundlagen der interstellaren Raumfahrt. In: *Chroniken der Wirtschaftsinformatik-Physik (CWIP)*. Band 3, Auflagen-Nr. 1.0. ISBN: 9783759705549.

Bezugskörpergeschwindigkeit als 2c sicher planen, umsetzen und kontrollieren wollen.

Beim Warpantrieb ZC-2063 handelt es sich um ein geschlossenes System für das Abbremsen und Beschleunigen mithilfe von mindestens zwei oder mehreren Teilchenbeschleunigern, um eine Drehung um das eigene Zentrum im Kreis nicht zu verursachen, die sinnbildlich für verschiedene Raumschiffklassen bezeichnet sein könnten mit unterschiedlich großen Warpantriebgondeln für unterschiedlich große Raketenraumschiffe. Das System I sollte gedacht sein als die quantentechnologische Realisierung des offenen Systems gemäß dem Gesetz I der Quantengravitation (1) sowie das quantentechnologische System II sollte gleich der entgegengewirkten quantenastrophysikalischen Wechselwirkung wie im offenen System gemäß dem Gesetz II der Quantengravitation (2) sein. Jede Warpgondel müsste immer beide quantentechnologische Systeme I und II für deren Nutzung bereithalten, denn sonst würde man zwar beispielsweise beschleunigen aber nicht mehr abbremsen können, das natürlich hinsichtlich frei fliegender sehr großer und sehr kleiner Körper ein Problem darstellen würde. Man stelle sich beispielsweise vor, der Bezugskörper K fliegt mit der Richtungsgeschwindigkeit v und begegnet im Bezugssystem K' ohne ein Warpradar, das mittels Lichtsensoren zumindest bis c funktionieren sollte, installiert zu haben einem weiteren Bezugskörper K'' wie einem Mond; was dann passieren würde, sollte spätestens jetzt allgemein jedem klar sein der den Begriff Kollision versteht. Es sind frei berechenbare Maßstäbe (Teststäbe) für die Zeitkoordinaten t festzulegen genauso wie für die Raumkoordinaten x, y, und z, denn nur so könnte eine Warpnavigation für eine Raumschiffroutenplanung gemäß der Gleichzeitigkeit zwischen Startpunkt wie der Erde und einem Zielpunkt wie Proxima Centauri b erfolgreich funktionieren. Es könnte sich bei der Warpnavigation zur Vereinfachung der Raumschiffroutenplanung um eine Gleichzeitigkeitsplanung handeln, die aus verschiedenen Raum-Zeit-Modellaspekten zusammensetzbar erscheint, denn eine nicht-euklidische sphärische oder vielleicht noch besser eine nicht-euklidische quasi-sphärische Raum-Zeit-Geometrie könnte eine exakte für eine

Kolek, Erik (2024). Über die technologischen Grundlagen der interstellaren Raumfahrt. In: *Chroniken der Wirtschaftsinformatik-Physik (CWIP)*. Band 3, Auflagen-Nr. 1.0. ISBN: 9783759705549.

Warpreise notwendig zu bestimmende Bahnkurve geplant als eine Geodäte ermöglichen. Gleichförmige geradlinige Translationsbewegungen von Bezugskörpern K wie diese in der speziellen Relativitätstheorie beschrieben werden (Einstein, 1905), halte ich schon allein aufgrund der allgemeinen Relativitätstheorie (Einstein, 19016) aber auch aufgrund der Quantengravitationstheorie (Kolek, 2024) für völlig ausgeschlossen, insbesondere beide Gravitationstheorien also die Astrorelativitätstheorie von Albert Einstein und Quantenrelativitätstheorie von mir veranlassen mich dazu zu denken, dass keine Geometrie nach Euklid auf die Warpraumschiffnavigation anwendbar sein sollte, deswegen sollten die einzuplanenden Kugelentfernungen beziehungsweise wahrscheinlich genauer Ellipsenentfernungen nicht gleichförmig und auch nicht geradlinig sein; das ebenfalls schon allein aufgrund hierauf anwendbarer Gauss-Koordinatensysteme. Neuberechnungen von Kurskorrekturen müssten daher immer schnellstmöglich erfolgen, dazu wäre ein entsprechender Computer notwendig, dieser Warpcomputer müsste hierfür noch entwickelt werden, da dieser eine sehr hohe Bitbusgeschwindigkeit v, zumindest aber die der konstanten Lichtgeschwindigkeit c, rechnerisch leisten sollte, denn ansonsten wäre bei jedem Einsatz von auf den Warpantrieb umgeleiteter Energie eine Kollision beziehungsweise schlussfolgernd also eine schlimme Katastrophe für ein Raumschiff (Bezugskörper) denkbar; das sollte zutreffen auf die physikalischen Wirklichkeit der interstellaren Raumfahrt und möglicherweise jedoch weniger wahrscheinlich auch für Ausflüge innerhalb unseres Sonnensystems, das wir auch als den ersten von Menschen besiedelten Raum-Zeit-Sektor unseres Universums bezeichnen können.

Die beschriebenen Warpantriebgondeln der Quantentechnologie ZC-2063 könnten gleichzeitig einem Impulsantrieb entsprechen, der jedoch nicht allgemein auf Planeten wie der Erde sondern nur innerhalb eines Raum-Zeit-Bereichs einsetzbar sein müsste, weil hier sich die jeweilige Atmosphäre bestehend aus dicht gedrängt sich schnell bewegenden Gasteilchen das Aufrechterhalten des Energieerhaltungssatzes erschweren beziehungsweise sogar verhindern müsste. Ein Antriebsimpuls könnte

Kolek, Erik (2024). Über die technologischen Grundlagen der interstellaren Raumfahrt. In: *Chroniken der Wirtschaftsinformatik-Physik (CWIP)*. Band 3, Auflagen-Nr. 1.0. ISBN: 9783759705549.

grundsätzlich frei ausgewählt werden je nachdem welche Bewegungsgeschwindigkeit zur gemäßigten Ortzielerreichung im jeweiligen Raum-Zeit-Sektor erforderlich erscheinen könnte beziehungsweise gewünscht wäre, dazu müsste angenommener Weise nur die hierfür berechnete Energie auf die Warpantriebquantentechnologie umgeleitet werden. Solange der Bezugskörper K (Raumschiff) sich im Bezugssystem K' (Raum-Zeit-Sektor) bewegen würde, da beide Koordinatensysteme bewegt sein könnten, würde es wahrscheinlich mit steigender zurückgelegter Strecke (Entfernung) wieder zu einer sehr geringen jedoch wahrscheinlich signifikanten Geschwindigkeitsreduzierung kommen, solange der Antriebsimpuls v kleiner berechnet wäre als die der gleichbleibenden Lichtkörpergeschwindigkeit c. Spätestens jetzt sollte gedanklich möglich sein nachzuvollziehen, dass es sich inhaltlich bei der Wirtschaftsinformatik-Physik um eine allgemeine Art bzw. theoretische Möglichkeit der Sternreisenforschung dreht.

Es ist allgemein wichtig eine solche Raumschiffrakete mit dem Warpantrieb ZC-2063 nicht krumm zu bauen, wie es nach der allgemeinen Relativitätstheorie (Einstein, 1916) sonst der physikalische Modellfall im Universum sein könnte, sondern gleichförmig geradlinig, wie es nach der speziellen Relativitätstheorie (Einstein, 1905) sein sollte, denn die vorher als (gebogene) Geodätenlinie erdachte jetzt als gerade Linie zu betrachtende Raumschiffrakete sollte dann automatisch einen niedrigeren Reibungswiderstand überall unabhängig von ihrem Startpunkt innehaben, dadurch sollte auch die Reibungstemperaturmasse aufgrund der erzeugten mindestens lichtschnellen Geschwindigkeit mit einer Höchstfaktorkonstanten von bis zu 2c am Bezugskörper K (Raumschiff) verursacht durch die Translationsbewegung im Bezugssystem K' (Raum-Zeit-Bereich) signifikant reduziert werden können. Zur Erzeugung eines besseren Allgemeinverständnisses kann meine folgende völlig frei erdachte (phantasierte) Marsreisegeschichte bildlich vorgestellt werden.

Albert Einstein, Stephen Hawking und Erik Kolek sind zusammen auf den Mars gereist, weil sie dort ein waagrechtes Loch graben sollen, für was dieses Loch am

Kolek, Erik (2024). Über die technologischen Grundlagen der interstellaren Raumfahrt. In: *Chroniken der Wirtschaftsinformatik-Physik (CWIP)*. Band 3, Auflagen-Nr. 1.0. ISBN: 9783759705549.

Ende genutzt werden soll, das wissen alle Drei nicht, aber alle drei Individuen, die eigenständig also nicht abhängig voneinander zu denken in der Lage sein sollten, kennen die Funktion einer Wasserwaage und jeder von ihnen hat natürlich außer an die Schaufeln ebenfalls an eine solche Wasserwaage während der Vorbereitung des eigenen Marsreisegepäcks gedacht. Das gleiche müssten jedoch die Beobachter auf der Erde auch machen, sie graben also auch ein wie sonst übliches Bauloch, das später beispielsweise für ein Fundament genutzt werden könnte. Stephen Hawking könnte jetzt zu Albert Einstein und Erik Kolek auf der Marskugel folgendes sagen: „Macht doch mal ein Foto wie ihr die Wasserwaage benutzt und schickt es den Beobachtern auf der Erde, die sollten aber das gleiche Foto von sich machen also wie sie ihre Wasserwaage auf der Erdkugel benutzen." Darauf könnte Albert Einstein zuerst nur gedacht haben und sich dann direkt dazu entschlossen haben zu Stephen Hawking und Erik Kolek folgendes Axiom auszusprechen: „*Wenn wir diese zwei Fotos vergleichen, so könnten wir zwei Momente von dergleichen geometrischen Beschaffenheit beobachten (sehen) und wahrscheinlich feststellen, obwohl beide Löcher gleich geplant und sogar mit derselben Wasserwaage gemäß der Physik ausgemessen wurden, sich trotzdem unterscheiden könnten.*" Warum könnte das so in der physikalischen Wirklichkeit sein, fragen sich darauf natürlich alle, sogar die Beobachter auf der Erdkugel. Alle Individuen könnten damit beginnen die zwei Momentaufnahmen zu betrachten und würden als ein kollektives gemeinsames Verständnis vielleicht feststellen, dass sich der Winkel unterhalb der Wasserwaage auf einer Kugel immer nach der quasi-sphärischen jedoch aufgrund der unterschiedlichen Gravitation (hier verglichen zwischen Erde und Mars) nicht-euklidischen Geometrie an jedem ausgemessenen Massepunkt ganz leicht unterscheiden sollte, insbesondere weil auf den Momentbildern zwei ausgegrabene unterschiedliche Kugeloberflächen zu sehen sein sollten. Jetzt verstehen Albert Einstein, Stephen Hawking und Erik Kolek, dass ihre gegrabene Lochoberfläche wirklich ganz anders aussehen könnte, also ganz und gar nicht waagrecht erscheinen könnte, obwohl sie es mit derselben physikalischen Messmethode (Wasserwaage) wie

Kolek, Erik (2024). Über die technologischen Grundlagen der interstellaren Raumfahrt. In: *Chroniken der Wirtschaftsinformatik-Physik (CWIP)*. Band 3, Auflagen-Nr. 1.0. ISBN: 9783759705549.

die Beobachter auf der Erdkugel gegraben haben könnten; das sollte noch einfacher zu verstehen sein würde beispielhaft allgemein an einen Kreis gedacht werden, sobald die starr aufliegende praktisch (nahezu) waagrechte Wasserwaage als ein Maßstab (Teststab) an einen Kreis angelegt wird und sich der darin befindliche Luftkörper in der Mitte zu sehen ist, dann sollte aufgrund von Kreisumfang durch Kreisdurchmesser (π) stets eine ganz leichte Winkelabweichung erhalten bleiben, obwohl es so physikalisch tatsächlich so für Menschen aussehen könnte, insbesondere weil Menschen das aufgrund der von ihnen ebenfalls erdachten Wasserwaage (Messmethode) illusionsbedingt zu glauben scheinen könnten; natürlich sollte dieser Kreis vielmehr in Wirklichkeit aufgrund einer quasi-sphärischen nicht-euklidischen Kugelgeometrie ebenfalls einem nicht-euklidischen Quasi-Kreis (Ellipsenform) entsprechen, diese Beobachtung könnte sich erst durch ein mit dem Universum übereinstimmendes Geometrieverständnis eigentlich auch bereits am Mond nachvollziehen lassen, wie beispielsweise mit einem Newton-Teleskop das ich auch eine Zeit lang für meine (private) Astronomieforschung genutzt habe.

Es könnte sich hierbei also um eine neue fortschrittliche Architektur nicht nur für Raumschiffraketen handeln, sondern auch darüber hinaus könnten nun auch als ein kurzer Ausblick insgesamt eine innovativere unter der Beachtung der Kugelkrümmung gleichförmig geradere anzusehende, also eine fortschrittlichere Architektur allgemein beispielsweise für Gebäude wie Häuser möglich erscheinen und das nicht nur auf der Erde sondern auch auf jedem anderen Planeten wie dem Mars. Da sich die Menschheit nun (annähernd) lichtschnell oder auch etwas lichtschneller von bis zu 2c als Höchstfaktorkonstante durch den Raum-Zeit-Bereich K' unseres Sonnensystems bis zu den nächsten Sternsystemen zu bewegen in der Lage wäre, wäre dies für die Menschheit sozusagen der Beginn des Raum-Zeit-Alters des Christoph Kolumbus, jedoch könnten wir vielleicht auf dem Radar anderer Zivilisationen durch diese überlichtschnelle Bewegung erscheinen; das Fermi-Paradoxon soll an späterer Stelle vertieft werden.

Kolek, Erik (2024). Über die technologischen Grundlagen der interstellaren Raumfahrt. In: *Chroniken der Wirtschaftsinformatik-Physik (CWIP)*. Band 3, Auflagen-Nr. 1.0. ISBN: 9783759705549.

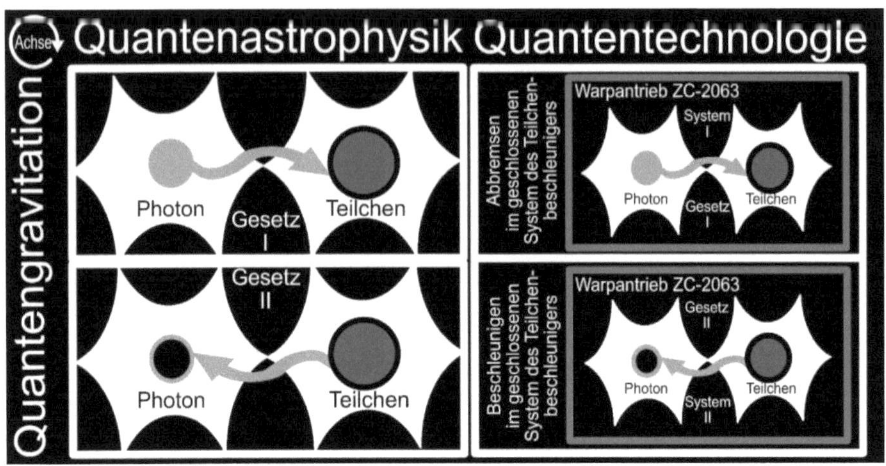

Abbildung 1. Quantengravitation als eine theoretisch mögliche Verbindung zwischen der Quantenastrophysik und der Warpantriebquantentechnologie mit der Höchstfaktorkonstanten von bis zu 2c.

Hinsichtlich der Quantengravitation habe ich bisher in meinen Ausführungen lediglich an unsere Erde und ihre Atmosphäre gedacht. Hier sind beispielsweise Sauerstoffteilchen zu finden, die anscheinend gemäß unserer Erfahrung mit Lichtwärmephotonen nach dem ersten Gesetz der Quantengravitation I (1) kollidieren beziehungsweise dieses physikalische Verhalten wahrscheinlich eher nicht wirklich aufweisen könnten, sondern eher immer kurz vor einem Aufprall eine Ablenkung erfahren sollten. Es sollte demnach viel wahrscheinlicher ein Teilchenphotonen-durcheinander in Wirklichkeit existieren, das wir Menschen als helle und trotzdem transparente Atmosphäre wahrnehmen können, denn würde die Teilchenphotonen-beschleunigung langsamer ablaufen, so sollten wir diese direkt mit bloßem Auge sehen (beobachten) können. Genauso verhält es sich wahrscheinlich wenn wir Menschen eine dunkle, durchsichtige Atmosphäre erblicken und uns fragen, warum es dunkel ist, eine viel bessere aber theoretisch mögliche Antwort auf diese physikalische Frage erscheint durch das zweite Gesetz der Quantengravitation II (2) denkbar. Wenn es dunkel ist und keine hellen Lichtwärmephotonen mehr auf dieser Halbkugel des Planeten, wie der Erde, einschlagen und somit anderen

Kolek, Erik (2024). Über die technologischen Grundlagen der interstellaren Raumfahrt. In: *Chroniken der Wirtschaftsinformatik-Physik (CWIP)*. Band 3, Auflagen-Nr. 1.0. ISBN: 9783759705549.

Atmosphärenteilchen keine kinematische Energie mehr übertragen können, bedeutet das nicht, dass sofort die gesamte verfügbare kinematische Energie verschwindet. Nein, diese kinematische Energie könnte durch die verschiedenen Atmosphärenteilchen gespeichert werden, indem diese sich ständig durch die Quantengravitation hin und her bewegen, sich jedoch aufgrund ihrer unterschiedlichen Größe, die also als unterschiedlich große Punktmassen wirklich existieren, niemals wirklich berühren beziehungsweise zusammenschlagen könnten. Insbesondere könnte dies der physikalische Fall sein für dunkle Anti-Lichtwärmephotonen, die eine viel geringere Ladung an Energie L aufweisen sollten, da diese vielleicht über dieselbe oder eher wahrscheinlich über eine niedrigere Masse verfügen müssten, da diese jedoch eine viel geringere Temperatur (Masseanteil) und Geschwindigkeit innehaben müssten. Das müsste auch der Grund sein, warum sich die dunklen Anti-Lichtwärmephotonen bis heute der Erfahrungstheorie entzogen haben und nicht durch Experimente der messenden Physik entdeckt wurden. Spätestens jetzt an dieser Stelle sollte gedanklich bewusst geworden sein, dass es sich schon allein bei den verschiedenen Atmosphärenteilchen nicht um kleinste Quantenkügelchen sondern um kleinste Quantenellipsen handeln müsste. Diese Ellipsenform der Quanten könnte vor allem durch ihre eigene gegenseitige Gravitationsenergie erzeugt werden, und das bedeutet auch nicht automatisch, dass unbedingt alle Ellipsenteilchen gleichförmig geradlinig nach unten durch die Gravitation des Planeten (Erde) bewegt werden könnten, obwohl das so in der Abbildung 2 dargestellt ist. Die supersymmetrische, relativistische Modelldarstellung in Abbildung 2 hinsichtlich der auf Quantengravitationsphysik bestehenden Quantenastrophysik kann also noch nicht vollständig einen Teilchengewichtsunterschied erklären, denn dazu müsste der Unterschied hinsichtlich ihrer Temperaturmassengeschwindigkeit (TMv^2) noch besser verständlich sein. Dieses gedankliche Verständnisziel könnte ich dadurch erreicht haben, dass ich einen Vergleich zwischen Erde und Mars zur Bestimmung des Teilchenmasseunterschieds nachfolgend durchführe, indem ich mir zwei verschiedene Atmosphären vorstelle, in

Kolek, Erik (2024). Über die technologischen Grundlagen der interstellaren Raumfahrt. In: *Chroniken der Wirtschaftsinformatik-Physik (CWIP)*. Band 3, Auflagen-Nr. 1.0. ISBN: 9783759705549.

denen jedoch nach den allgemeinen Naturgesetzen In beiden ein Teilchenwind existieren müsste.

Für diese Ableitung genügt es mir persönlich zu beobachten, dass es auf der Erde Windteufel gibt und scheinbar wie auf einem Foto vom Mars der NASA zu sehen ist, existieren dort auch Windteufel; der in dieser Referenz stehende Text ist nicht relevant und wird daher auch nicht zitiert. Jedenfalls habe ich die Windteufel auf dem Marsfoto gesehen und deswegen in meiner Phantasie eine gedankliche Reise von der Erde zum Mars zusammen mit Albert Einstein und Stephen Hawking ausgeführt, als wir dort ankamen sahen wir ausgehend von einem Beobachter von der Erde um einiges größer gewachsen aus und wir fragten uns zusammen woran das wohl liegen könnte, da wir uns alle das gegenseitig als drei Beobachter auf dem Mars nicht so richtig zu erklären in der Lage waren? Dieses Marsfoto hat mir ab dem ersten Blick darauf dabei geholfen zu verstehen, was eine denkbare Definition von Masse inhaltlich bedeutet, denn diese besser zu verstehen ist der zentrale Aspekt den es allgemein zu erlernen gilt, möchte die Menschheit wirklich noch viel lichtschneller als mit nur einer Höchstfaktorkonstanten von bis zu 2c mit einem Bezugskörper K (Raumschiff) durch das Bezugssystem K' (Raum-Zeit-Kontinuum) möglichst ohne Reibungshitzemassehindernisse reisen können. Eine extrem gut erdachte Hüllenpanzerung des Bezugskörpers K, ähnlich die der Sonnensatelliten mit elektrodynamisierten Kohlenstoffgoldquantenverbindungen, könnte zwar diese Lichtgeschwindigkeitsbarriere aufgrund der wahrscheinlich entstehenden, vielleicht wirklich bremsenden Reibungshitzemasse durch einen entsprechenden Hitzemassewiderstand verringern, jedoch wahrscheinlich wirklich niemals verhindern oder gar ausschließen. Da mir allgemein bekannt ist, dass die Gravitation auf dem Mars geringer als auf der Erde zu sein scheint, unabhängig vom genauen Zahlenwert der durch die messende Physik festgelegt wurde, sollte es mir jetzt möglich sein mit einer Forschungsmethode angelehnt an die Denkweise von Aristoteles von der Erde als ein Startpunkt im Universum ausgehend zu denken und hinsichtlich des Mars rein mit Gedanken zu beurteilen, wie wohl auf dem Mars die

Kolek, Erik (2024). Über die technologischen Grundlagen der interstellaren Raumfahrt. In: *Chroniken der Wirtschaftsinformatik-Physik (CWIP)*. Band 3, Auflagen-Nr. 1.0. ISBN: 9783759705549.

dunklen und hellen Masseteilchen als auch dunklen und hellen Lichtwärmephotonen wohl möglicherweise aussehen könnten. Für ein Verständnis dazu benötige ich zusätzlich den folgenden Gedankenschluss, wenn also auf dem Mars eine geringere Gravitation vorherrscht als auf der Erde, dann verhält sich diese Beobachtung aufgrund ihrer gegebenen und von allgemeinen Naturgesetzen vorgegeben Form genauso (analog) auch bei der Quantengravitation; diese sollte auf dem Mars ebenfalls geringer ausfallen als auf der Erde. Aufgrund dieser an Aristoteles angelehnten Denkweise habe ich mittels deduktiver Theoriebildung wahrscheinlich richtig gelernt, dass sich die Quantenastrophysik eigentlich nur in einem physikalischen Aspekt allgemein hinsichtlich der Planeten, hier Erde und Mars, unterscheiden könnte und zwar in der Geometrie und Größe der genannten Masseteilchen und Lichtwärmephotonen. Stelle ich mir beispielsweise vor, die Welt würde nur noch bestehen aus Erde und Mars beziehungsweise nur noch aus den kleinsten Massequanten also aus kleinsten Bruchstückchen aus Erde und Mars bestehen, dann lerne ich sofort aufbauend auf Aristoteles, dass im Quantenspektrum keine sphärische Geometrie anwendbar sein könnte, da entsprechend kleine Punktmassen keine kleinsten Kügelchen sein könnten. Eine solche sphärische Geometrie von Punkttemperaturmassen würde wahrscheinlich einer quasi-sphärischen Geometrie also eher einer elliptischen Geometrie entsprechen. Diese elliptische Geometrie müsste jedoch nicht unbedingt aufgrund der Planetengravitation nur zum Grund hin ausgerichtet sein, wie das in Abbildung 2 dargestellt ist, sondern könnte genauso in alle Richtungen denkbar sein, da unterschiedlich große Quantenmassen auch eine unterschiedliche Quantengravitation aufweisen müssten. Zusammenfassend müssten demnach Unterschiede in der Temperatur T gemessen als Hitze in Kelvin, Masse M in Form von Gewicht in Kilogramm und proportional gegenseitig wirkender Geschwindigkeit v wirklich bestehen. In das Gedankenbewusstsein des Menschen könnte dieser Unterschied erst so richtig kommen, sobald einfachhalber die Quanten gedanklich übereinander gelegt werden, dann sollte eine entsprechende Erkenntnis hinsichtlich des Quantenunterschieds hinsichtlich der Temperaturmassen-

Kolek, Erik (2024). Über die technologischen Grundlagen der interstellaren Raumfahrt. In: *Chroniken der Wirtschaftsinformatik-Physik (CWIP)*. Band 3, Auflagen-Nr. 1.0. ISBN: 9783759705549.

geschwindigkeit völlig einfach verständlich werden. Nur schade eigentlich, dass Aristoteles die von mir entwickelte supersymmetrische, relativistische Modellierungs- und Visualisierungsmethode noch nicht wissentlich vorlag, sonst wäre allgemein heute die Wissenschaft bereits weiter mit ihrem Fortschritt. Jetzt müssten Beobachter von der Erde auch verstehen gemäß der phantasiebasierten, gemeinsamen Gedankenreise zum Mars von Albert Einstein, Stephen Hawking und Erik Kolek warum diese drei Beobachter an Körpergröße gewonnen haben könnten und warum für diese Drei die Beobachter kleiner gewirkt haben könnten; dieses Phänomen könnte wahrscheinlich mit der dort existierenden, zur Erde unterschiedlichen Quantengravitation gemäß beider Gesetze begründet sein; denn diese müsste auf jedem Planeten beziehungsweise sehr großen und sehr kleinen Körper unterschiedlich wirken.

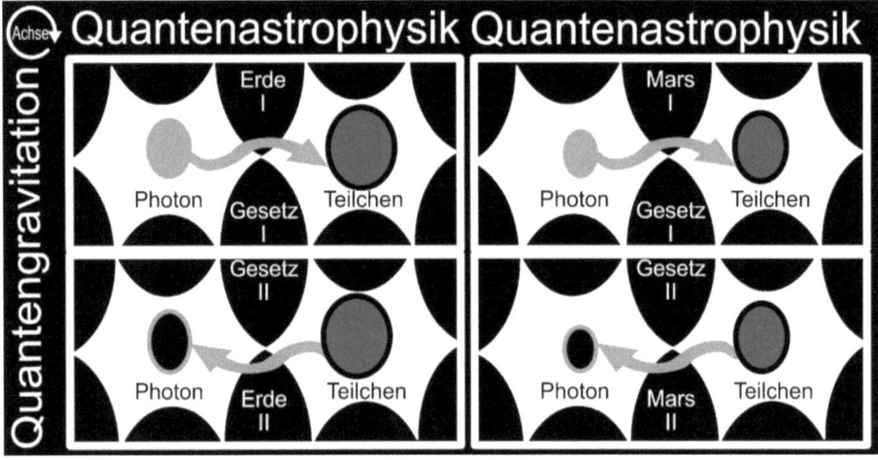

Abbildung 2. Die auf Quantengravitationsphysik bestehende Quantenastrophysik im Vergleich zwischen Erde und Mars zur Bestimmung des Teilchenunterschieds hinsichtlich ihrer Temperaturmassengeschwindigkeit.

Die Warpantriebquantentechnologie mit der von mir ausgedachten Typennummer ZC-2063 könnte nochmals aufgrund der Erkenntnis über die Unterschiede hinsichtlich der Geschwindigkeit von Quantentemperaturmassen in seinem maximalen

Kolek, Erik (2024). Über die technologischen Grundlagen der interstellaren Raumfahrt. In: *Chroniken der Wirtschaftsinformatik-Physik (CWIP)*. Band 3, Auflagen-Nr. 1.0. ISBN: 9783759705549.

Leistungspotenzial deutlich verbessert werden, deswegen musste ich mir eine neue passendere Typennummer ausdenken; diese Nummer lautet jetzt E-1701, worin E für Energie steht und weil wie allgemein bekannt ist im Jahr 1701 Isaac Newton ein allgemeines Naturgesetz über die durch Luftabkühlung verursachte Körpertemperaturverschiebung veröffentlichte, das auch bekannt ist als das Newtonsche Temperaturgesetz (Newton, 1701).

Durch Entwicklung dieser fortschrittlichen Warpantriebquantentechnologie könnte das Fermi-Paradoxon, das zuerst durch den Atomphysiker Enrico Fermi aufgestellt wurde, endgültig gelöst zu sein erscheinen, denn das Verständnis der Menschen von Quantenastrophysik und Quantentechnologieentwicklung war nicht ausreichend genug und deswegen könnten wir auch nicht in der Lage gewesen sein, unsere Beobachtungen hinsichtlich von möglichen Begegnungen mit nicht-menschlichen Zivilisationen entsprechend zu untersuchen, also Außerirdische könnte es tatsächlich geben und diese könnten uns sogar in anderen Sternensystemen bereits erwarten, denn möglicherweise könnten interessante habitable Planeten ebenfalls bei anderen menschlichen oder nicht-menschlichen Zivilisationen hoch gefragt sein. Eine Vorgehensweise zur sicheren Erkundung könnte es zum Beispiel sein eine Raum-Zeit-Sonde als einen länglichen Asteroiden zu tarnen (getarnte Erkundungsraketensonde), um einen ersten Vorbeiflug aus sicherer Entfernung zur eventuell doch bewohnten neuen Welt zu wagen; das wäre dann sozusagen der Beginn des Raum-Zeit-Alters des Magellans. Eine hochentwickelte Zivilisation deren Technologie der unseren weit überlegen sein könnte, würde wahrscheinlich nicht zögern, wenn es um ihr eigenes Überleben ginge beziehungsweise diese allgemein höchst negativ also feindlich denkende, wahrscheinlich dann auch Kriege führende Zivilisation, herauszufinden woher die soeben eingetroffenen Eindringlinge stammen könnten und diesen dann einen vielleicht unfreundlichen Besuch bescheren könnten.

Die Gründe für eine Expedition zu einer Super Erde in einem der weiter entfernten Sternensysteme könnten vielfältiger kaum sein, das beginnt bei reiner Neugier des

Kolek, Erik (2024). Über die technologischen Grundlagen der interstellaren Raumfahrt. In: *Chroniken der Wirtschaftsinformatik-Physik (CWIP)*. Band 3, Auflagen-Nr. 1.0. ISBN: 9783759705549.

Menschen, Ressourcenknappheit, Aufbau einer Weltraumökonomie und bis hin zur gesteigerten Notwendigkeit aufgrund von Bevölkerungswachstum verursachtem Platzmangel auf der Erde. In diesem Drehbewegungsmoment der Erde wirkt es so als wäre noch keine Super Erde der Menschheit bekannt mit annähernder erdähnlicher Temperaturmasse, denn nur zu solch einem super habitablen (bewohnbaren) Planet wäre eine überlichtschnelle Warpreise wirklich lohnenswert, da die Menschen sich nur höchst schwierig an veränderte Gravitationsbedingungen anpassen könnten, zu mindestens solange noch keine Anti-Gravitationsquantentechnologie entwickelt worden ist, die als ein Aufzug ohne Seil in Schwerelosigkeit für Personen oder Raumstation mit eigener Gravitation für Bewohner umsetzbar zu denken sein könnte. Ein zu hohes Schwerefeld des Planeten würde uns gemäß der Quantengravitation zusammensacken lassen und ein zu niedriges Gravitationsfeld würde bewirken, dass wir uns gestreckt fühlen könnten und weniger Stabilität im Körperskelett aufweisen würden, beide Gravitationsmodellsituationen hätten wahrscheinlich für Menschen pathologische Gesundheitsfolgen. Andere noch zu klärende Kolonisationsfragen wie die spezielle Flora und Fauna des jeweiligen Planeten oder dort ansässige Mikroben würden dann sicherlich auch eine Rolle für das Überleben des Menschen spielen; zu mindestens könnten solch kleinste Lebewesen nur höchst schwierig in der dort vorliegenden Planetenatmosphäre freifliegend überleben, da diese von den Massetemperaturquanten mit mindestens lichtschneller proportionaler Geschwindigkeit direkt getroffen werden könnten aufgrund der wahrscheinlich ständig passierenden Quantenkollision zwischen (hellen beziehungsweise dunklen) Lichtwärmephotonen mit sonstigen (hellen beziehungsweise dunklen) Massetemperaturquanten. Planetenanpassungen (Terraforming) würden allgemein relevant werden, diese sollten bei der Atmosphäre beginnen. Insgesamt erscheint es daher einfach gedacht unerlässlich zu sein, Expeditionen mit souveränen Raumschiffklassen belegt mit Crewmitgliedern zu starten und auszusenden, welche stets mit mindestens zwei Warpantriebgondeln ausgestattet sein sollten zur Verbesserung der Warpwiderstandsströmung durch die ein Bezugskörper K sehr

Kolek, Erik (2024). Über die technologischen Grundlagen der interstellaren Raumfahrt. In: *Chroniken der Wirtschaftsinformatik-Physik (CWIP)*. Band 3, Auflagen-Nr. 1.0. ISBN: 9783759705549.

lichtschnell ins flattern geraten könnte und dadurch weitreichende Kursabweichungen möglich erscheinen könnten. Zur allgemeinen Verbesserung dieses Warpströmungsverhaltens, ähnlich wie beim Brückenbau insbesondere gemeint sind hier Seilhängebrücken, sollten stets zwei Warpgondeln für mehr Warpflugstabilität und weniger Warpturbulenzflattern genutzt werden, daher ist die Form der Warpantriebgondeln den eines umgedrehten Flugzeugflügels nachzuempfinden, damit könnte die Haftung des Bezugskörpers K (Raumschiff) auf einer von sehr großen und sehr kleinen Körpern ausgesandten Gravitationswelle von einem Raum-Zeit-Bereich zum nächsten Raum-Zeit-Bereich (Bezugssystem K' hin zu K'') weiter erhöht werden. Nur könnte es bis heute höchst schwierig gewesen sein zu so einer Super habitablen Erde überproportional lichtschnell zu reisen, jedoch sollte das sich mit dem folgenden Gedankengang als ein weitreichender Korkenknall (Limitationsgedankenbruch) nun endlich ändern.

Soll sich die souveräne Raumschiffklasse wirklich mit einer Höchstfaktorkonstanten von bis zu 10c überlichtschnell, wie ein einzelnes Elektron das gerade aus einer Supernova eines Sterns abgeschossen wird, bewegen können, so müsste es sich genauso wie eine Sternsupernova zuerst aus dem Raum-Zeit-Bereich (Bezugssystem K') empor heben, in dem es sich in diesem unendlich kurzem Moment befindet und sein eigenes Gravitationsfeld sowie die Schwerefelder der anderen sehr großen und sehr kleinen Körper dauerhaft verlassen; ansonsten könnte es zu keiner lautlosen, ohne Schall im luftleeren Raum (Vakuum) nicht zu hörenden, nur durch Quantengravitation verursachte Geschwindigkeitsbeschleunigung der Quantenmassentemperatur kommen hinsichtlich der souveränen Raumschiffklasse aber auch hinsichtlich der Sternsupernova. Den unter dem Bezugskörper K (Raumschiff) jetzt darunter gelegenen Raum-Zeit-Bereich (Bezugssystem K') bezeichne ich daher erstmalig als Subraum-Zeit-Bereich (Bezugssystem K''), in dem sich vor allem alle sehr großen Körper sowie damit verbundenen sehr kleinen Körper aufgrund der Quantengravitation befinden sollten. Allgemein wäre jetzt auch der über dem Subraum-Zeit-Bereich (Bezugssystem K'') gelegene Raum-Zeit-Bereich

Kolek, Erik (2024). Über die technologischen Grundlagen der interstellaren Raumfahrt. In: *Chroniken der Wirtschaftsinformatik-Physik (CWIP)*. Band 3, Auflagen-Nr. 1.0. ISBN: 9783759705549.

(Bezugssystem K') als eine Klasse eines Hyperraum-Zeit-Bereichs zwar gedanklich festlegbar, jedoch sollte es sich hierbei vielmehr um einen Normal-Raum-Zeit-Bereich handeln, der viel wahrscheinlicher eine gleichförmige geradlinige Lichtkörperbewegung gemäß der speziellen Relativitätstheorie (Einstein, 1905), ohne die allgemeine Relativitätstheorie (Einstein, 1916) beachten zu müssen, zulassen sollte und ohne gleichzeitig dem ständigen Risiko einer plötzlichen dimensionalen Raum-Zeit-Bereichsänderung aufgrund der Quantengravitation (Kolek, 2024) als eine mögliche Gefahr ausgesetzt zu sein, insbesondere eine Schleife (Loop) aufgrund der Quantengravitation wäre hier sonst möglich, die dazu führen könnte das der Bezugskörper K (Raumschiff) eine Translationsbewegungsverschiebung erfährt und somit ständig seinen Warpbahnkurs ändern würde; katastrophale Unfälle könnten so der Normalfall in der Raum-Zeit-Fahrt des 24. Jahrhunderts der Quantenastrophysik sein. Bei solchen überlichtschnellen Translationsbewegungsgeschwindigkeiten im Normal-Raum-Zeit-Bereich könnte also ein Raumschiff (Bezugskörper K) quantengravitationsverursacht wirklich einen unvorhergesehenen Looping ausführen und beispielsweise dadurch eine Kollision mit einem sehr großen Körper haben, genauso wie dies allgemein so manchem Asteroiden als sehr kleiner Körper zum Verhängnis werden könnte; das könnte auch damit begründet sein, das nicht nur die Zeit relativ ist sondern auch die Größe ist relativ hinsichtlich der Körper sowie ihres Verhaltens. Als Hyperraum-Zeit-Bereich möchte ich hingegen einen gegenüber dem Subraum-Zeit-Bereich (Bezugssystem K'') sehr verkleinerten Quantenraum-Zeit-Bereich (Bezugssystem K''') bezeichnen, der an dieser Stelle nicht relevant ist, sondern lediglich für extremste Transwarpgeschwindigkeiten und für sonstige elfdimensionale Raum-Zeit-Tunnelvorhaben nutzbar erscheinen könnte. Zur Wahrung der Übersichtlichkeit und Größenunterschiede der vorherig gedanklich beschriebenen Raum-Zeit-Bereiche erfolgt schlussfolgernd eine Sortierung nach deren Dimensionierung: Unten ist der Quantenraum-Zeit-Bereich (Bezugssystem K'''), in der Mitte ist der Subraum-Zeit-Bereich (Bezugssystem K'') und ganz oben liegt der Normal-Raum-Zeit-Bereich (Bezugssystem K'); zu beachten ist, dass diese

Kolek, Erik (2024). Über die technologischen Grundlagen der interstellaren Raumfahrt. In: *Chroniken der Wirtschaftsinformatik-Physik (CWIP)*. Band 3, Auflagen-Nr. 1.0. ISBN: 9783759705549.

mindestens vierdimensionalen Würfelbereiche als Galileische Koordinatensysteme selbst auch bewegt und nicht ruhend sein sollten. Diese Raum-Zeit-Einteilung erfolgte gemäß der dort zu erwarteten Raum-Zeit-Krümmungsintensivität genauso wie dies Albert Einstein nach Riemann in seiner allgemeinen Relativitätstheorie (1916) erläuterte.

Demnach könnte die Lichtgeschwindigkeitsbewegung der souveränen Raumschiff-klasse betrachtet als ein Galileisches Koordinatensystem zunächst auf der Z-Achse erfolgen, bevor die Translationsbewegung auf der X-Achse – nahezu ohne aufgrund der Geschwindigkeit erzeugte Reibungstemperaturmasse gegen die der Bezugskörper K sonst hätte anfliegen müssen – fortgeführt werden würde. Jetzt erscheint es möglich zu sein, die produzierbare Energie für die Warpantriebquantentechnologie viel effizienter als im Subraum-Zeit-Bereich (Bezugssystem K'') zu verwenden, woraus folgt das die Energie L sich der von mir aufgestellten Einstein-Hawking-Gleichung $E = TMv^2$ (Kolek, 2024) annähert, jedoch in der Raum-Zeit-Fahrtpraxis wahrscheinlich niemals völlig gleich sein wird, denn irgendwelche Verluste beispielsweise aufgrund ineffizienter Energieumverteilung beginnend beim Warpfusionsreaktor über Umwege wie den Anti-Gravitationsstabilisatoren, welche die Schwerelosigkeit im souveränen Raumschiff verhindern könnten, bis hin zum Warpantrieb sollten stets weiterhin möglich sein. Beginne ich meine Warpreise von einem Punktnachbarn zum anderen Punktnachbarn beispielsweise in der Nähe der Erde, so gilt beim Start die Erd-Raum-Zeit in der ihr bestimmtes Gravitationsfeld G-Erde $(x, y, z, t)^2$ existiert, dieses Gravitationsfeld ändert sich jedoch sobald der Bezugskörper K sich beispielsweise dem Mars annähert, das bedeutet, dass die Erd-Raum-Zeit stets ungleich der Mars-Raum-Zeit G-Mars $(x, y, z, t)^2$ aber auch insgesamt ungleich der Sternzeit G-Sonne $(x, y, z, t)^2$ usw. sein sollte, wobei die Sternzeit allgemein eine sehr gute Ausgangsbasis für die Bestimmung von wirklich vorhandenen Planetenzeiten sein müsste. Zur Bestimmung der Zeit auf unseren Uhren gemäß der wirklich im Universum vorhandenen Kausalität sollte jedoch die Schleifenquantengravitation als

Kolek, Erik (2024). Über die technologischen Grundlagen der interstellaren Raumfahrt. In: *Chroniken der Wirtschaftsinformatik-Physik (CWIP)*. Band 3, Auflagen-Nr. 1.0. ISBN: 9783759705549.

eine Folge der Quantengravitation maßgebend sein, auf die hier nicht weiter eingegangen werden soll.

Folglich können demnach auch die Grundzüge über die allgemeine (einschließlich der speziellen) Relativitätstheorie (Einstein, 1905; Einstein, 1916) zu Grundlagen einer allgemeinen Super Relativitätstheorie für eine sichere, komfortable Warpreisenavigation weitergedacht werden. Fliegt also die überlichtschnelle Raumschiffklasse von der Erde ausgehend beim Mond vorbei zum Mars innerhalb des Raum-Zeit-Bereichs unserer Sonne, so lässt sich diese Translationsbewegung mit der Gleichung (3) ausformulieren, woraus sich direkt für die allgemeine Super Relativitätstheorie die Gleichung (4) ergibt, da ebenfalls der Minkowski-Raum, wie das durch die allgemeine Relativitätstheorie (Einstein, 1916) vorgegeben ist, integriert wird. Würde das souveräne Raumschiff jetzt weiter zum Jupiter $G(x, y, z, t)^2$ mit maximalem Warp in Höhe von 9,975c fliegen so würde allgemein formuliert ein weiteres $G\text{-}x(i)^2$ relevant werden, das jedoch ein vorherig relevantes $G\text{-}x(i)^2$ wie das der Erde $G(x, y, z, t)^2$ nun als irrelevant erscheinen lassen sollte. G-Bezugssysteme müssten also immer im mindestens lichtschnellen Warpcomputer automatisiert angepasst beziehungsweise aktualisiert werden, sobald allgemein in dessen Nähe mit einem souveränen Raumschiff hinein gereist werden würde, wozu wiederum entsprechende mindestens lichtschnelle Warpsensoren notwendig erscheinen sollten.

(3) $G\text{-Erde } (x, y, z, t)^2$, $G\text{-Mond } (x, y, z, t)^2$, $G\text{-Mars } (x, y, z, t)^2$, $G\text{-Raum-Zeit } (x, y, z, t)^2 = G\text{'-Erde } (x, y, z, t)^2$, $G\text{'-Mond } (x, y, z, t)^2$, $G\text{'-Mars } (x, y, z, t)^2$, $G\text{'-Raum-Zeit } (x, y, z, t)^2$

(4) $G\text{-}x(i)^2$, $G\text{-}x(i)^2$, $G\text{-}x(i)^2$, $G\text{-}x(i)^2 = G\text{'-}x(i)^2$, $G\text{'-}x(i)^2$, $G\text{'-}x(i)^2$, $G\text{'-}x(i)^2$

Wie eben aufgezeigt mithilfe der Gleichungen (3) und (4) sollten solche Gravitationskoordinaten hinsichtlich der mindestens vierdimensionalen Raum-Zeit-Bereiche, die insbesondere wichtig für interstellare Reisen sein sollten, nicht mehr wegzudenken sein, daher sollten Gravitationskoordinaten eine notwendige Bedingung für eine erfolgreich durchgeführte Warpnavigation darstellen, jedoch unter

Kolek, Erik (2024). Über die technologischen Grundlagen der interstellaren Raumfahrt. In: *Chroniken der Wirtschaftsinformatik-Physik (CWIP)*. Band 3, Auflagen-Nr. 1.0. ISBN: 9783759705549.

Umständen auch für weitere Quantentechnologien wie dem direkten Massetemperaturtransport von A wie Erde nach B wie Mars sinnvoll erscheinen; für solche weite Strecken (Entfernungen) wären jedoch wirklich sehr hohe Mengen an Energie nicht nur zur Signalverstärkung sondern auch für die Signalübertragung notwendig; eine weitere Voraussetzung für das erfolgreiche Beamen von (vielleicht auch lebenden) Massetemperaturkörpern sollte hier die Schleifenquantengravitation sowie ein verbessertes, dadurch fortschrittlicheres Radiokurzwellenteleskop darstellen. Ich habe jetzt also gelernt, dass sich die Gravitation einschließlich der Quantengravitation auch bewegen müsste; ich nenne dies daher Einsteinsche Gravitationsquantenmechanik bzw. Einsteinsche Warpquantenfeldtheorie, welche die Gravitationskoordinaten zur Modelldarstellung unterschiedlicher Raum-Zeit-Krümmungsintensitäten nach Riemann wie in der allgemeinen Relativitätstheorie (Einstein, 1916) des Kontinuums (Universums) sowie daher auch den Minkowski-Raum beinhaltet.

Sobald sich allgemein ein Bezugskörper K (Raumschiff) ausgehend von $G\text{-}x(1)^2$ nun gemäß seiner (derzeitigen) Lage durch eine erfolgende Angleichung an $G\text{-}x(2)^2$, innerhalb dessen ein Gravitationsfeld minderer Stärke fernwirken könnte, annähern würde, so sollte sich auch gemäß dem Energieerhaltungssatz beziehungsweise Impulserhaltungssatz von Albert Einstein (1915) eine positive oder negative Änderung an der einzusetzenden Energie beziehungsweise dem notwendigen Impuls erfolgen, möchte der Bezugskörper K (Raumschiff) beispielsweise weiterhin mit konstanter Lichtrelativgeschwindigkeit von 9c reisen können. Dieses Postulat der Super Relativitätstheorie gemäß der Einsteinschen Feldgleichungen der Gravitation (Einstein, 1915) sollte auch durch die folgende gemäß ihrem physikalischen Sinn vereinfachte mathematische Gleichung (5) nachvollziehbar werden, schaut man sich den Energietensor des jeweiligen Schwerefeldes an.

(5) $xt(i)^2 = \frac{1}{2} \times G\text{-}x(i)^2 - G\text{-}x(i)^2$ (jeweils abhängig von zwei Bezugskörpern oder Bezugssystemen) (Einstein, 1915)

Kolek, Erik (2024). Über die technologischen Grundlagen der interstellaren Raumfahrt. In: *Chroniken der Wirtschaftsinformatik-Physik (CWIP)*. Band 3, Auflagen-Nr. 1.0. ISBN: 9783759705549.

Sollte jedoch eine andere Relation hinsichtlich des Raum-Zeit-Bereichs notwendig werden, so müsste überlegt werden ob nicht eine überdimensionale Betrachtung des jeweiligen Raum-Zeit-Bereichs als notwendig erscheinen könnte. Das wäre insbesondere physikalisch sinnvoll bei interstellaren Reisen von Bezugskörpern K (Raumschiffen), denn die nicht zum zu erreichenden Bezugssystem gehörenden anderen Bezugssysteme könnten ebenfalls gemäß den Einsteinschen Feldgleichungen der Gravitation (Einstein, 1915) eine positive oder negative Auswirkung auf die Warpbahnkurve $xt(i)^2$ haben. Dieser neue physikalische Sinn wird der immer noch vereinfachten Einsteinschen Feldgleichung (Einstein, 1915) wieder hinzugefügt, insbesondere sollte dadurch das von Albert Einstein genutzte Summenzeichen einfach nachvollziehbar werden.

(6) $xt(i)^2 = \frac{1}{2} \times G\text{-}x(i)^2 \times \sum G\text{-}x(i)^2 - \sum G\text{-}x(i)^2$ (Das Summenzeichen kennzeichnet jetzt zwei voneinander abhängige Bezugssysteme) (Einstein, 1915)

Die Einsteinschen Feldgleichungen der Gravitation (Einstein, 1915) hier gegeben durch (5) und (6) sollten sich auch auf die Kolekschen Feldgleichungen der Quantengravitation (Kolek, 2024) inhaltlich anwenden lassen, insbesondere wenn allgemein an zwei verschiedene, gemäß der Kinematik beschleunigte Bezugskörper beziehungsweise Bezugsysteme (K_0 und K_1) gedacht wird. Für die detaillierte Beschreibung der zwei Quantengravitationsgesetze I und II (Kolek, 2024) hinsichtlich ihrer gegenseitigen relativen Feldstärke ergeben sich daher die folgenden zwei neuen Feldgesetze hinsichtlich der Quantengravitation (7) und (8), welche auch auf die Subraumzeit sowie sonstige Raum-Zeit-Krümmungsintensitäten anwendbar sein müssten.

(7) Quantengravitationsfeldgesetz I = $\frac{1}{2} \times K_0 - K_1 = \frac{1}{2} \times G\text{-}x(i)^2 \times [(T_1M_1T_2M_2) / (rV_{Rel})^2] \times (+L/V^2 \times v^2/2) - G\text{-}x(i)^2 \times [(T_1M_1T_2M_2) / (rV_{Rel})^2] \times (+L/V^2 \times v^2/2)$

(8) Quantengravitationsfeldgesetz II = $\frac{1}{2} \times K_0 + K_1 = \frac{1}{2} \times G\text{-}x(i)^2 \times [(T_1M_1T_2M_2) / (rV_{Rel})^2] \times (-L/V^2 \times v^2/2) + G\text{-}x(i)^2 \times [(T_1M_1T_2M_2) / (rV_{Rel})^2] \times (-L/V^2 \times v^2/2)$

Kolek, Erik (2024). Über die technologischen Grundlagen der interstellaren Raumfahrt. In: *Chroniken der Wirtschaftsinformatik-Physik (CWIP)*. Band 3, Auflagen-Nr. 1.0. ISBN: 9783759705549.

Diese beiden Quantengravitationsfeldgesetze lassen sich analog zur vorherigen Erläuterung auch in noch allgemeinerer Form für interstellare Reisen formulieren, indem der relative Bezug zum jeweiligen System als ein zu integrierendes Summenzeichen beachtet wird; letztendlich sollte demnach bei jeder überlichtschnellen interstellaren Fernwarpreise die Translationsbewegung überwacht werden und entsprechend gegengesteuert werden, sollten also Abweichungen der Warpbahnkurve auftauchen, dann wäre der Bezugskörper K (Raumschiff) einfachhalber entsprechend korrigierend zu drehen, so dass die Warpbahnkurve wieder eingehalten wird.

(9) Quantengravitationsfeldgesetz I $= \frac{1}{2} \times K_0 \times \sum K_1 - \sum K_2 = \frac{1}{2} \times$ G-x(i)$^2 \times$ [(T$_1$M$_1$T$_2$M$_2$) / (rV$_{Rel}$)^2] $\times$ (+L/V$^2 \times$ v^2/2) $\times \sum$G-x(i)$^2 \times$ [(T$_1$M$_1$T$_2$M$_2$) / (rV$_{Rel}$)^2] $\times$ (+L/V$^2 \times$ v^2/2) $- \sum$G-x(i)$^2 \times$ [(T$_1$M$_1$T$_2$M$_2$) / (rV$_{Rel}$)^2] $\times$ (+L/V$^2 \times$ v^2/2)

(10) Quantengravitationsfeldgesetz II $= \frac{1}{2} \times K_0 \times \sum K_1 + \sum K_2 = \frac{1}{2} \times$ G-x(i)$^2 \times$ [(T$_1$M$_1$T$_2$M$_2$) / (rV$_{Rel}$)^2] $\times$ (–L/V$^2 \times$ v^2/2) $\times \sum$G-x(i)$^2 \times$ [(T$_1$M$_1$T$_2$M$_2$) / (rV$_{Rel}$)^2] $\times$ (–L/V$^2 \times$ v^2/2) $+ \sum$G-x(i)$^2 \times$ [(T$_1$M$_1$T$_2$M$_2$) / (rV$_{Rel}$)^2] $\times$ (–L/V$^2 \times$ v^2/2)

Wie aufgrund der Kolekschen Feldgleichungen der Quantengravitation (7), (8), (9) und (10) nun bestimmt gelernt wurde, sollte ein Ritt auf einer Gravitationswelle, die allgemein vielmehr einer Quantengravitationswelle gleichen müsste, allgemein ein sehr hohes Risiko und damit eine zu verhindernde Gefahr für eine Abweichung von der Warpbahnkurve sein, denn der Bezugskörper K (Raumschiff) könnte wirklich im Nirgendwo verschwinden, weil er auch von anderen Galaxien positiv und Schwarzen Löchern negativ angezogen werden könnte, deswegen müsste dieses Modellraumschiffszenario innerhalb unseres Gedankenmodells vom Universum (Kontinuum) unbedingt eine Beachtung bei ersten Warptestflügen finden. Übrigens die Quantengravitationsfeldgesetze sollten auch das physikalische Bewegungsverhalten von Asteroiden betrachtet als sich bewegende Bezugskörper innerhalb von Bezugssystemen besser prognostizierbar machen. Als quantentechnologische Umsetzung der Quantengravitationsfeldgesetze hinsichtlich

Kolek, Erik (2024). Über die technologischen Grundlagen der interstellaren Raumfahrt. In: *Chroniken der Wirtschaftsinformatik-Physik (CWIP)*. Band 3, Auflagen-Nr. 1.0. ISBN: 9783759705549.

des Warpantriebs E-1701 müssten nur in den mindestens doppelt am souveränen Raumschiff vorhandenen Warpgondeln jeweils ein entsprechend starkes Magnetfeld sozusagen als ein Turbo im geschlossenen System des Teilchenbeschleunigers hinzuaddiert werden, das es demnach ermöglichen sollte die Quantentemperaturmasse proportional zur Geschwindigkeit viel höher planbarer, steuerbarer und kontrollierbarer zu gestalten, also das Abbremsen beziehungsweise Beschleunigen im geschlossenen System des Teilchenbeschleunigers aber auch Rotationen von Bezugskörpern K (Raumschiffen) gezielt ermöglichen sollte. Der Warpantrieb E-1701 wird daher in der Abbildung 3 gemäß der theoretisch möglichen Wechselwirkung aufgrund der Quantengravitationsfeldgesetze zwischen hellen beziehungsweise dunklen Lichtwärmephotonen mit hellen beziehungsweise dunklen Materieteilchen veranschaulicht, wodurch die zwei Systeme für das Abbremsen und Beschleunigen im geschlossenen System des Teilchenbeschleunigers einfacher, auch ohne tiefgehendes Wissen zu verstehen sein sollten.

Abschließend folgt noch ein äußerst wichtiger Hinweis: Physikalische Experimente hinsichtlich der Quantengravitation auf der Erde (bzw. sonstigen Planeten) zur Erzeugung von Quantengravitationswellen mit Bezugskörpern könnten diese unter gewissen Umständen wirklich aus ihrer perspektivischen Sonnenumlaufbahn befördern, deswegen wäre das eine reale Gefahr und nicht nur ein theoretisch mögliches Risiko, das es unbedingt im Interesse aller Menschen, Tiere und Pflanzen zu beachten gilt. Beispielsweise wäre es vorstellbar und wenn etwas allgemein vorstellbar erscheint in unserem Universum, dann sollte dies auch realisierbar sein, dass der Bezugskörper K (Raumschiff) selbst auch sehr starke Quantengravitationswellen verursachen sollte, die dann nach hinten bei Beschleunigung oder nach vorne beim Abbremsen höher wie offene Halbkreise sich wegbewegen und somit sehr starke Auftriebsgravitationswellen beziehungsweise Abtriebsgravitationswellen verursachen könnten, welche andere damit kollidierende Bezugskörper K' auch – beispielsweise aus dem Subraum-Zeit-Bereich (Bezugssystem K'') – zu heben in der Lage sein könnten, jedoch im Falle einer sehr

Kolek, Erik (2024). Über die technologischen Grundlagen der interstellaren Raumfahrt. In: *Chroniken der Wirtschaftsinformatik-Physik (CWIP)*. Band 3, Auflagen-Nr. 1.0. ISBN: 9783759705549.

starken Abtriebsgravitationswelle, da diese sich vergleichbar mit einem anrasenden gleichförmig breitem, geradlinigen Schwarzen Loch verhalten könnte, genauso theoretisch möglich zerstört werden könnten. Hierzu sollte zur Sicherheit tatsächlich zuerst eine angewandte Forschung draußen am Rande unseres Sonnensystems mit Bezugskörpern K, K' usw. erfolgen, bevor mit einer Höchstfaktorkonstanten größer als 2c (in der Raum-Zeit-Fahrtpraxis circa 1c) und bis zu 10c mittels Bezugskörpern K, K' usw. wie mit souveränen Raumschiffklassen ausgestattet mit mindestens zwei Warpantriebgondeln des Typs E-1701 überlichtschnell geflogen werden sollte.

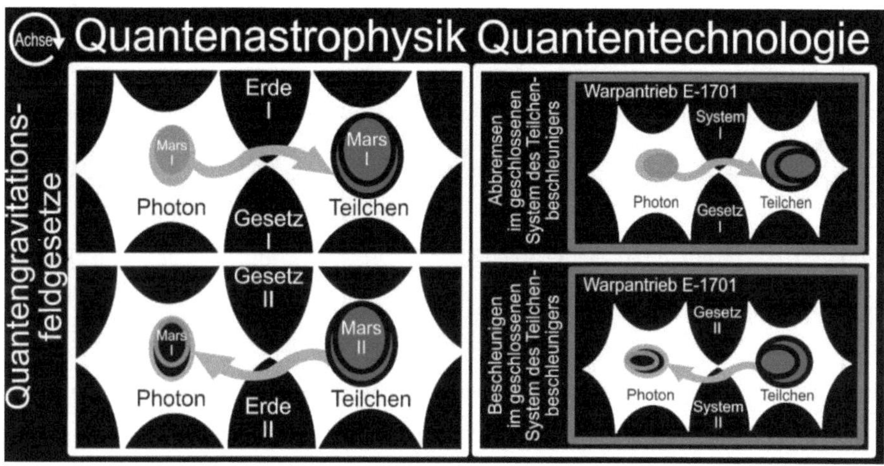

Abbildung 3. Quantengravitationsfeldgesetze als eine theoretisch mögliche Verbindung zwischen der Quantenastrophysik und der Warpantriebquantentechnologie mit der Höchstfaktorkonstanten von bis zu 10c.

Noch kurz zur Ergänzung: Genauso wie bei der starr aufliegenden praktisch (nahezu) waagrechten nur scheinbar im Lot befindlichen Wasserwaage als einen Maßstab (Teststab) könnte es auch zu einer Gedankenabweichung hinsichtlich der Oberflächengrößengeometrie des zu grabenden einheitlichen Lochs auf dem Mars kommen, wenn Albert Einstein, Stephen Hawking und Erik Kolek jeweils ihren Meterstab mit darauf befindlichen nur dem Anschein nach gleichwirkenden Abständen (Strecken) als einen Maßstab (Teststab) zur Ausmessung gemäß der

Kolek, Erik (2024). Über die technologischen Grundlagen der interstellaren Raumfahrt. In: *Chroniken der Wirtschaftsinformatik-Physik (CWIP)*. Band 3, Auflagen-Nr. 1.0. ISBN: 9783759705549.

Physik angesetzt hätten. Alle auf der Erdkugel sollten sich jetzt darüber einig sein, dass dasselbe beobachtete Phänomen ebenfalls bei einer Raum-Zeit-Messung mithilfe von praktisch (nahezu) festabgelegten, gleichbeschaffenen Uhrzifferblättern mit darauf befindlichen nur dem Anschein nach gleichwirkenden Abständen (Entfernungen) zu unterschiedlichen Ergebnissen gemäß der messenden Physik geführt hätten, also die Zeit allgemein nicht der Zeit auf einem anderen Körper gleichen sollte, daher spricht Albert Einstein auch immer nur von Gleichzeitigkeit (Einstein, 1905; Einstein, 1916) und nicht von Zeit allgemein; wahrscheinlich könnte sogar gar keine Zeit sondern nur Körperbewegungen in unserem immer schneller expandierenden Universum (Kontinuum) existieren.

Als ein kurzer Ausblick sei noch erwähnt, dass die Grundlage der *anti-allgemeinen Relativitätstheorie* basierend auf der Arbeit von Albert Einstein (1916) von mir als eine weitere Folge für das Fachgebiet der Quantenastrophysik abgeleitet wurde, wodurch wiederum interessante quantentechnologische Entwicklungen theoretisch möglich sein könnten, wie zum Beispiel ein turboschneller Aufzug möglicherweise auch in den Raum-Zeit-Bereich unseres Planeten Erde hinauf, Quantengravitations-transformatoren zur Verhinderung von Schwerelosigkeit aufgrund fehlender Quantenmassetemperatur vor allem auch denkbar für sehr große Bezugssysteme K' sowie Trägheitsstabilisatoren im Schwerpunkt gedacht für Bezugskörper K könnten theoretisch möglich werden, damit wirklich anti-speziell also überlichtschnell beschleunigte sehr kleine Körper auch in einem sehr viel größeren Bezugskörper K erhalten bleiben könnten. Nach der Theoriebildung zu der Grundlage der *anti-allgemeinen Relativitätstheorie* möchte ich zuerst ein gemeinverständliches Buch veröffentlichen, das nochmals alle auf Albert Einstein beruhenden Grundlagen hinsichtlich seiner allgemeinen und speziellen Relativitätstheorie einfach nachvollziehbar erklärt sowie meine allgemeinspezielle Relativitätstheorie (Lichtkörperquantenmechanik) ergänzend und vervollständigend einführt. Darauf könnte jedoch zuerst ein mehrdimensionaler Fernseher mit einer besseren genaueren, drehbaren Bilddarstellung folgen, der wie eine achteckige geometrische nicht unbedingt euklidische Form in unterschiedlichen sehr kleinen und sehr großen Maßstabsgrößen (Einheitsteststäben) mittels Quantentechnologieentwicklung theoretisch möglich erscheinen könnte; dazu erscheint es mir heute nur notwendig zu sein Lichtstrahlen sowie deren relativistischen Symmetrien nicht nur anhand der Farben besser zu verstehen.

Referenzen

Einstein, A. (1905). Ist die Trägheit eines Körpers von seinem Energiegehalt abhängig? *Annalen der Physik 18(13)*, S. 639–641.

Einstein, A. (1915). Die Feldgleichungen der Gravitation. *Königlich Preußische Akademie der Wissenschaften (Berlin)*. Sitzungsberichte: S. 844–847.

Einstein, A. (1916). Die Grundlage der allgemeinen Relativitätstheorie. *Annalen der Physik 354(7)*, S. 769–822.

Kolek, E. (2024). Hängt die Trägheit eines sehr kleinen Körpers von seinem Energiegehalt ab?. In: *Über die physikalischen Grundlagen der interstellaren Raumfahrt*. Chroniken der Wirtschaftsinformatik-Physik (CWIP), Band 2, Auflagen-Nr. 1.0.

Newton, I. (1687). *Philosophiae Naturalis Principia Mathematica*. 1. Auflage. Jussu Societatis Regiae ac typis Josephi Streater, London 1687 (http://cudl.lib.cam.ac.uk/view/PR-ADV-B-00039-00001/9 [besucht am 08.05.2024]).

Newton, I. (1701). Scala graduum Caloris. Calorum Descriptiones & signa. *Philosophical Transactions*, S. 824–829.

Marsfoto: https://mars.nasa.gov/resources/25235/curiosity-spots-a-dust-devil-in-the-hills/ [besucht am 08.05.2024]).

Kolek, Erik (2024). Über die technologischen Grundlagen der interstellaren Raumfahrt. In: *Chroniken der Wirtschaftsinformatik-Physik (CWIP)*. Band 3, Auflagen-Nr. 1.0. ISBN: 9783759705549.

Inhaltsübersicht

In diesem Forschungsartikel wird eine Quantentechnologie entwickelt, die auf der Theorie der Quantengravitationsfelder basiert. Dabei werden zwei Gesetze der Quantengravitationsfelder entdeckt. Sie sind die Grundlage für die Entwicklung des Warpantriebs, der ein geschlossenes System eines Teilchenbeschleunigers ist. Ein Magnetfeld wird hinzugefügt, um mehr Lichtgeschwindigkeit zu ermöglichen.

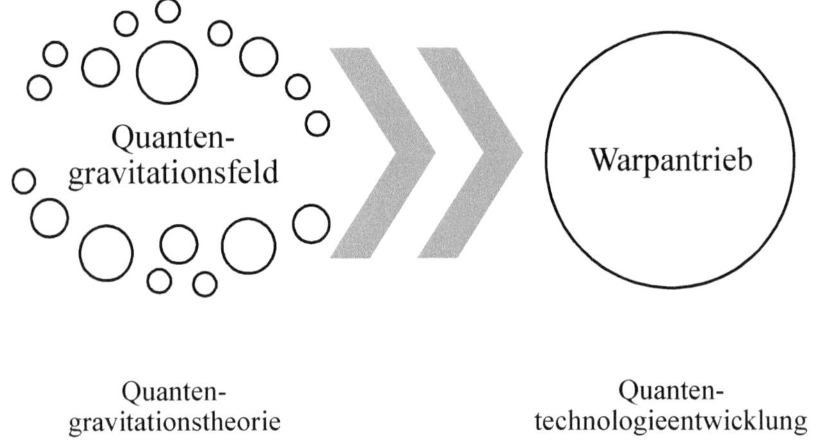

Abbildung 4. Inhaltsübersicht dargestellt durch die Bedeutung der Theorie der Quantengravitation.

Kolek, Erik (2024). Über die technologischen Grundlagen der interstellaren Raumfahrt. In: *Chroniken der Wirtschaftsinformatik-Physik (CWIP)*. Band 3, Auflagen-Nr. 1.0. ISBN: 9783759705549.

Dritter Abschnitt: Über die Kernfusion von Gasen, eine ingenieurswissenschaftliche Methode zur Technologieentwicklung und den Erik-Kolek-Motor (E-KOMO)

Wissenschaftliche Zitierung:

Kolek, Erik (2024). Über die Theorie der Nuklearen Fusion von Gasen. In: *Über die technologischen Grundlagen der interstellaren Raumfahrt.* Chroniken der Wirtschaftsinformatik-Physik (CWIP). Band 3, Auflagen-Nr. 1.0.

Erik Kolek (2024)

Über die Theorie der Nuklearen Fusion von Gasen

Zusammenfassung

In diesem Forschungsartikel geht es darum, die Kernfusion von Gasen unter anderem Wasserstoff zu Helium vom theoretischen Standpunkt zu beschreiben. Es ist grundsätzlich zu Unterscheiden zwischen der heißen und kalten Kernfusion von Gasen. Die heiße Kernfusion von Gasen ist die gefährlichere von beiden Fusionsarten. Letztere wird bereits in der Physik getestet und entsprechende Reaktoren sind bereits im experimentellen Status im Betrieb, obwohl noch nicht alle Fragen der Kernfusion von Gasen vollendet geklärt sind. Auch sollen keine Schwarzen Löcher während dieser heißen Kernfusion von Gasen entstehen können und wenn, dann nur ganz kurz und im selben Moment würden diese Schwarzen Löcher wieder zerstrahlen. Ich bin der Ansicht, ein Schwarzes Loch, dass einmal erzeugt wurde, fällt auch in den Erdkern. Deswegen ist die heiße Kernfusion von Gasen mit Vorsicht zu genießen. Bei der heißen Kernfusion ist es das Ziel der Physiker eine Sonne im kleinem nachzuahmen. An dieser Stelle sei empfohlen nie über die Masse von 1 Kg hinaus zu gehen. Auch ist es wenig sinnvoll, Plasma durch magnetisierte Ringe zu leiten während der Erwärmung der Masse.

Kolek, Erik (2024). Über die technologischen Grundlagen der interstellaren Raumfahrt. In: *Chroniken der Wirtschaftsinformatik-Physik (CWIP)*. Band 3, Auflagen-Nr. 1.0. ISBN: 9783759705549.

Über die Theorie der Nuklearen Fusion von Gasen

In diesem Forschungsbeitrag wird auf die Kernfusion von Gasen eingegangen, weil Physiker begonnen haben experimentelle Reaktoren zu betreiben und weil diese bereits Zündungen von Plasma veranlasst haben. Das Ganze geschieht ohne die Kernfusion von Gasen im Ganzen verstanden zu haben. Jede heiße Plasmareaktion stellt ein gewisses Risiko dar, solange nicht gewisse Regeln beim Zünden des Plasmas eingehalten werden. Stellarator und Tokamak sind ringförmige Reaktoren zur Erzeugung von Kernfusion von Gasen, welche nicht dem Modell der Sonne entsprechen und daher im experimentellen Entwicklungsstadium verbleiben müssten. Bisherige Kernfusionsreaktoren basieren nicht auf Licht und entsprechen nicht dem Aufbau eines Sterns als Modell. Eine Sonne ist kugelrund oder elliptisch und entsprechend muss das Plasma geformt bis zur Fusionsreaktion erwärmt werden.

Im Inneren eines funktionierenden Reaktors zur Erzeugung der Kernfusion von Gasen dreht sich eine kleine Sonne (Abbildung 1). Der nach meinem Kater benannte Aaron-Reaktor ist ein atomarer Reaktor basierend auf der Neutrinoreaktion (AARON). Ideen der Reaktoren Stellarator und Tokamak wurden übernommen um das magnetische Feld mittels Technologie zu bestimmen. Hier dreht sich im innerem ein kleiner Stern wie ein realer Stern mit etwas niedrigerer Temperatur aufgrund der niedrigeren Masse des Sterns. Die Größe des Sterns sollte beim Testen der heißen Kernfusion am Anfang ein Millimeter Durchmesser betragen. Später können sobald mehr Erfahrungen vorliegen auch größere drehende Sonnen mit mehr Masse erzeugt werden, sobald Sicherheit über deren Verbleib beim Erlöschen besteht.

In der Außenansicht haben wir den Transformator in Schalenbauweise mit den toroidalen und äußeren poloidalen Feldspulen. Ein poloidales Magnetfeld basiert auf einem toroidalen und daraus resultierenden runden Magnetfeld. Wir haben also ein sichereres und stärkeres Magnetfeld. In der Innenansicht haben wir Druck um die aktuelle Plasma- und Lasertechnologie, um die Kernfusion von Gasen zu starten.

Kolek, Erik (2024). Über die technologischen Grundlagen der interstellaren Raumfahrt. In: *Chroniken der Wirtschaftsinformatik-Physik (CWIP)*. Band 3, Auflagen-Nr. 1.0. ISBN: 9783759705549.

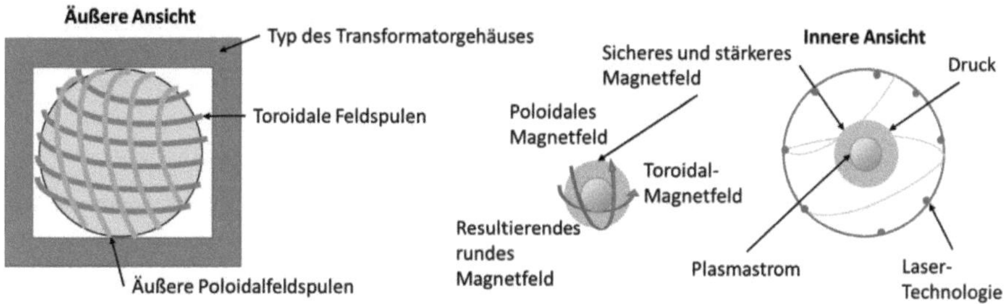

Abbildung 1. Der Reaktor heißt Aaron wegen der Neutrinoreaktion.

Einen kleinen drehenden Stern zu erzeugen sollte nicht das Problem in der Physik sein (Abbildung 2). Ein Stern wird wie im Modell dargestellt entzündet mithilfe von Wasserstoff. Das ist das Prinzip der Kernfusion von Gasen im inneren eines Sterns. Eine perfekte Kugelform des Innenspiegels mit großem Radius zur Sicherheit gewährleistet eine ungestörte Fusionsleistung von Gasen.

Was aber passiert sobald der Stern abgeschaltet werden soll, indem kein Wasserstoff mehr zugeführt wird? Es existieren meiner Meinung nach drei Möglichkeiten.

Erstens es passiert nichts, der Stern erlischt einfach.

Zweitens der Stern wird schwarz glühend und bleibt bestehen und strahlt nur noch Wärme ab bis er nach einiger Zeit als Metallkugel entnommen werden kann.

Drittens der Stern fällt zusammen und ein kleines drehendes Schwarzes Loch entsteht auch aufgrund der Gravitation der Erde. Die Lebensdauer dieses Schwarzen Lochs hängt von seiner Masse ab. Je niedriger die Masse des Schwarzen Lochs ist, desto eher zerstrahlt sich das Schwarze Loch aufgrund der Hawking-Strahlung [7, 8, 9]. Es ist möglich, dass sich das kleine Schwarze Loch selbstständig auflöst, deswegen muss jederzeit das magnetische Feld aufrechterhalten bleiben, um das Schwarze Loch im Zentrum des Kernfusionsreaktors zu halten. Die Gefahr eines sehr kleinen Schwarzen Lochs ist vergleichbar mit der Gefahr einer sehr kleinen Sonne im inneren eines Kernfusionsreaktors. Wichtig ist, dass das Schwarze Loch keine weitere Materie mehr zugeführt bekommt, sondern solange im Magnetfeld gehalten werden muss, bis es völlig durch Hawking-Strahlung [7, 8, 9] zerstrahlt ist. Das kann einige Sekunden oder auch länger sein bis alle Haare des Schwarzen Lochs ebenfalls verschwunden sind [9].

Hinsichtlich der sehr kleinen drehenden Sonne gilt die allgemeine Relativitätstheorie von Albert Einstein [1] und der Schwarzschildradius [2, 3] für das Erlöschen der Kernfusion von Gasen, der auch zu beachten ist, vor allem für die Befeuerung der heißen Kernfusion von Gasen. In diesem Zusammenhang ist auch die Planck-Länge [4] von Bedeutung, denn diese stellt sozusagen das Mindestmaß einer erzeugten sehr kleinen Sonne dar. Eine Regel entsteht nach dem Gesichtspunkt, dass eine sehr kleine drehende Sonne möglichst klein gehalten werden muss, um eine heiße Kernfusion von Gasen möglichst sicher zu gestatten. Umso kleiner die erzeugte Sonne ist, desto sicherer ist die heiße Kernfusion von Gasen. Interessant ist die Tatsache, dass bei funktionierender heißer Kernfusion von Gasen als Abfallprodukt Gold und sonstige Edelmetalle im Reaktor zurückbleiben müssten. Möglich ist auch, dass weitere Metalle wie Eisen als Abfälle entstehen könnten, die dann aus dem kalten Kernfusionsreaktor entfernt werden müssten. Eine Säuberung eines Kernfusionsreaktors ist also eine Aufgabe, die von Zeit zu Zeit beziehungsweise nach jeder Befeuerung des Fusionsofens durchgeführt werden müsste.

Innerhalb des Aaron-Reaktors befindet sich ein Vakuum, atmosphärischer Druck, ein Magnetfeld, die Lasertechnologie, der Wasserstoff in der Mitte der Kugelkonstruktion zur Erzeugung thermaler Energie. Die äußere Hülle des Reaktors ist aus Gold, vielleicht auch aus Silber oder Aluminium. Die Lichtkrümmung nach der allgemeinen Relativitätstheorie von Alber Einstein [1] müsste im inneren des Reaktors sichtbar sein, auch aufgrund des magnetischen Feldes. Das magnetische Feld entspricht dem Gravitationsfeld. Genau im Zentrum der Kugel findet die nukleare Fusion von Wasserstoff zu Helium statt und das in einem sehr kleinen Stern. Die heißen Lichtphotonen sollten diese Partikelreaktion stimulieren können. Auch die Gravitation spielt bei der Erhitzung von Gasen eine Rolle, denn Sterne wachsen

Kolek, Erik (2024). Über die technologischen Grundlagen der interstellaren Raumfahrt. In: *Chroniken der Wirtschaftsinformatik-Physik (CWIP)*. Band 3, Auflagen-Nr. 1.0. ISBN: 9783759705549.

solange wie Materie nachgeliefert wird. Wenn keine Masse mehr abgegeben wird, könnten sehr kleine Schwarze Löcher entstehen, deren Lebenszeit zu hinterfragen und zu testen ist. Aus Sicherheitsgründen sollten – besonders am Anfang der Testreihen – nur sehr kleine Sterne erzeugt werden.

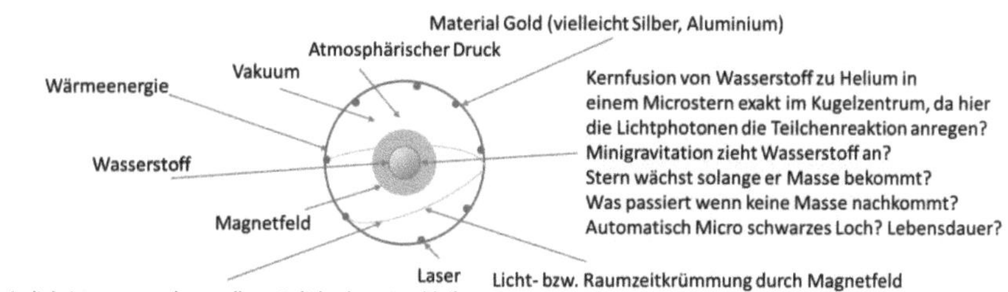

Abbildung 2. Der Aaron-Reaktor.

Stelle ich mir eine sehr große Sonne und eine sehr kleine Sonne in einem sich bewegenden umeinanderdrehenden System vor, so bemerke ich dass die Strahlung der großen Sonne die der kleineren Sonne blockieren müsste. Auf Quantenphysikebene müsste es Unterschiede in der Größe der Lichtphotonen geben, welche die Strahlung der kleinen Sonne unterdrücken könnten. Es handelt sich hierbei um den photoelektrischen Effekt [10] zwischen zwei Sonnen. Das Licht der sehr kleinen Sonne müsste langsamer als das Licht c der sehr großen Sonne sein. So kommt es, dass der Wellen-Teilchen-Wärme-Trialismus unterschiedlich gestaltet sein müsste. Die Strahlung der sehr kleinen Sonne müsste eine Geschwindigkeit niedriger als das Licht c haben und deren Photonen müssten mit den Photonen der sehr großen Sonne zusammenprallen. Auch hier müsste Energie entstehen nach der allgemein bekannten Gleichung $E = mc^2$ [6]. Der photoelektrische Effekt [10] der durch Sonnenmassen entstandene Impuls bewirkt eine Verschmelzung von Photonen. Trotzdem müssten einige kleinere helle Photonen ausgehend von der sehr kleinen Sonne durch den Teilchensturm der sehr großen Sonne hindurchkommen. Eine unterschiedliche Lichtstärke bedeutet also immer auch eine unterschiedliche

Kolek, Erik (2024). Über die technologischen Grundlagen der interstellaren Raumfahrt. In: *Chroniken der Wirtschaftsinformatik-Physik (CWIP)*. Band 3, Auflagen-Nr. 1.0. ISBN: 9783759705549.

Photonenstärke. Die Energie der trägen kleinen Photonenquanten müsste sich also unterscheiden je nach Photonengeschwindigkeit und -masse.

Bei der kalten Kernfusion von Gasen verhält es sich anders als bei der heißen Kernfusion von Gasen. Hierbei geht es darum erfolgreich sogenannte Bose-Einstein-Kondensate [5] zu erschaffen. Diese Bose-Einstein-Kondensate [5] bilden die Grundlage für die kalte Kernfusion von Gasen. Es müsste die sicherste Form der Kernfusion von Gasen sein. Durch das entstehen von Bose-Einstein-Kondensaten [5] und fast gleichzeitig der Zerstörung von Bose-Einstein-Kondensaten [5] durch Hitze entsteht Energie in der bekannten Form $E = mc^2$ [6]. Ein Reaktor diesbezüglich muss noch entwickelt werden. Es bestehen bereits Erfahrungen in der Erzeugung von Bose-Einstein-Kondensaten [5] in der heutigen Physik. Entsprechende Vorrichtungen zur Durchführung der Experimente müssten erste Einblicke in die mögliche Entwicklung von Kaltfusionsreaktoren ermöglichen.

Um die Funktion der kalten Kernfusion noch etwas zu beschreiben ist es am einfachsten an einen gefrorenen sehr kleinen Wassertropfen zu denken, der das Wasserstoffgas in gefrorenem Zustand beschreibt, das Bose-Einstein-Kondensat [5]. Dieser Tropfen sehr kalter Gasmaterie wird nun mittels Lasertechnologie punktgenau erhitzt. Es bildet sich eine explosionsartige heiße Gaswolke sowie blitzartig ein sehr kleiner Funken. Dieser Funke kann zur Energiegewinnung nutzbar gemacht werden. Es handelt sich um eine sehr effiziente Verbrennung von Gasen, da ein schneller Wechsel des Zustandes von kalt zu heiß mehr Energie bedeuten müsste.

Ähnliche Ergebnisse müssten entstehen sobald sehr kalte Gasteilchen mit anderen sehr kalten Gasteilchen schnell kollidieren sollten. Es müsste eine sehr kleine kalte Gasverschmelzung stattfinden, welche eine entstehende kalte sehr kleine Gaswolke zur Folge haben müsste. Diese Verpuffung von kalter Gasmaterie müsste eine etwas heißere Gaswolke aufweisen. Es könnte sogar vorkommen, dass sich die kalte Gaswolke entzündet und trotzdem das kalte Bose-Einstein-Kondensat [5]

Kolek, Erik (2024). Über die technologischen Grundlagen der interstellaren Raumfahrt. In: *Chroniken der Wirtschaftsinformatik-Physik (CWIP)*. Band 3, Auflagen-Nr. 1.0. ISBN: 9783759705549.

zurückbleibt. Die Gasteilchenkollision ist also zur Lasertechnologie eine alternative Verbrennungsmöglichkeit, die beide punktgenau stattfinden könnten.

Referenzen

[1]   A. Einstein (1916). Die Grundlage der allgemeinen Relativitätstheorie. *Annalen der Physik 354(7)*, pp. 769–822.

[2]   K. Schwarzschild (1916). Zur Quantenhypothese *Sitzungsberichte der Königlich Preußischen Akademie der Wissenschaften zu Berlin* Januar – Juni, p. 548.

[3]   K. Schwarzschild (1916). Über das Gravitationsfeld eines Massenpunktes nach der Einsteinschen Theorie. *Sitzungsberichte der Königlich Preußischen Akademie der Wissenschaften zu Berlin*, Klasse für Mathematik, Physik, und Technik. p. 189.

[4]   M. Planck (1899). Über irreversible Strahlungsvorgänge. *Sitzungsberichte der Königlich Preußischen Akademie der Wissenschaften zu Berlin*. 5: pp. 440–480.

[5]   A. Einstein (1925). Quantentheorie des einatomigen idealen Gases – Zweite Abhandlung. *Sitzungsberichte der preußischen Akademie der Wissenschaften*. pp. 3–10.

[6]   A. Einstein (1905). Does the Inertia of a Body Depend upon its Energy Content? *Annalen der Physik 18(13)*, pp. 639–641.

[7]   S. W. Hawking (1974). Black hole explosions?. *Nature*. 248 (5443): pp. 30–31.

[8]   S. W. Hawking (1975). Particle creation by black holes. *Communications in Mathematical Physics*. 43 (3): pp. 199–220.

[9]   S. W. Hawking, M. J. Perry, and A. Strominger (2016). Soft Hair on Black Holes. *Phys. Rev. Lett.* 116, No. 23, 231301.

Kolek, Erik (2024). Über die technologischen Grundlagen der interstellaren Raumfahrt. In: *Chroniken der Wirtschaftsinformatik-Physik (CWIP)*. Band 3, Auflagen-Nr. 1.0. ISBN: 9783759705549.

[10]   A. Einstein (1905). On a Heuristic Point of View Concerning the Production and Transformation of Light. *Annalen der Physik* 17, pp. 132–148.

Inhaltsübersicht

In diesem Forschungsartikel wird ein Kernfusionsreaktor theoretisch entwickelt. Es müssen sehr kleine Sonnen gezündet werden, um sehr kleine Schwarze Löcher zu verhindern. Wasserstoff ist die Grundlage für die Zündung dieser sehr kleinen Sterne. Die Verschmelzung zu Helium und anderen Elementen findet im Inneren des Kernfusionsreaktors statt.

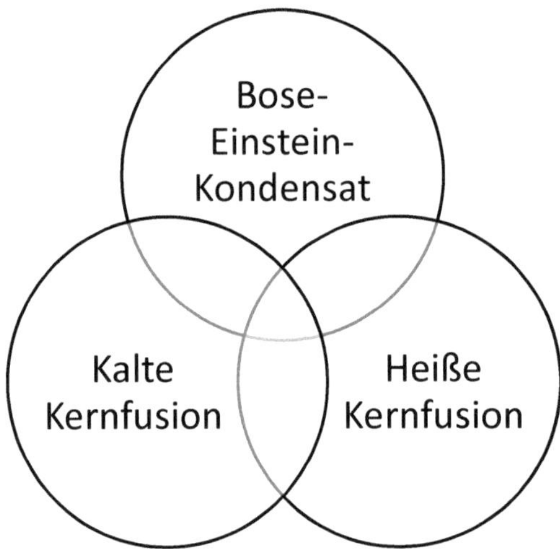

Abbildung 3. Inhaltsübersicht dargestellt durch die Bedeutung der Theorie des photoelektrischen Effekts.

Kolek, Erik (2024). Über die technologischen Grundlagen der interstellaren Raumfahrt. In: *Chroniken der Wirtschaftsinformatik-Physik (CWIP)*. Band 3, Auflagen-Nr. 1.0. ISBN: 9783759705549.

Wissenschaftliche Zitierung:

Kolek, Erik (2024). Über eine ingenieurswissenschaftliche Methode namens Refit zur Gestaltung von technologischen Innovationen. In: *Über die technologischen Grundlagen der interstellaren Raumfahrt*. Chroniken der Wirtschaftsinformatik-Physik (CWIP). Band 3, Auflagen-Nr. 1.0.

Erik Kolek (2024)

Über eine ingenieurswissenschaftliche Methode namens Refit zur Gestaltung von technologischen Innovationen

Zusammenfassung

In diesem Forschungsbeitrag geht es um die ingenieurswissenschaftliche Methode namens Refit zur Gestaltung von technologischen Innovationen. Bei dem Begriff Refit handelt es sich um eine Bezeichnung für innovative Erfindungen, Patente und Entwicklungen. Es gibt große und kleine Refits. Bei großen angestrebten Refits handelt es sich um sogenannte Entwicklungsprojekte meistens in der interstellaren Raumfahrt und dabei entstehen im Entwicklungsprozess die kleinen Refits wie zum Beispiel ein einzelnes Bauteil. Bei der Methode Refit geht es darum zu verstehen wie Innovationen schrittweise entstehen. Refit ist verwandt mit dem Design Thinking, das aus der Wirtschaftsinformatik seinen Ursprung hat und auch hier geht es um eine prozessorientierte Entwicklung von Innovationen. Der Ingenieur, der Refit anwendet, ist niemals zu hundert Prozent zufrieden mit seiner erzeugten Innovation. Deswegen ist er oder sie immer bestrebt Optimierungen an seinem Refit vorzunehmen. So entstehen neue Refits (Innovationen). Auch wird immer versucht ein großes Refit zu erzeugen, die kleinen Refits sind dankbare Entwicklungen auf dem Weg zum großen Refit. Es ist heutzutage üblich im Team zu arbeiten, hier gibt es stets den Chefingenieur, der die Verantwortung für das Refit-Projekt hat. Der Chefingenieur entscheidet über das wie und wann im gemeinsamen Entwicklungsprozess.

Kolek, Erik (2024). Über die technologischen Grundlagen der interstellaren Raumfahrt. In: *Chroniken der Wirtschaftsinformatik-Physik (CWIP)*. Band 3, Auflagen-Nr. 1.0. ISBN: 9783759705549.

Über eine ingenieurswissenschaftliche Methode namens Refit zur Gestaltung von technologischen Innovationen

Der vorliegende Forschungsbeitrag beinhaltet eine Zusammenfassung der wichtigsten Gedanken hinsichtlich einer ingenieurwissenschaftlichen Methode namens Refit zur Gestaltung von technologischen Innovationen. Eine gewisse Verwandtschaft der Methode Refit besteht zum Innovationsmanagement und Design Thinking. Die zu beschreibende Refit-Methode hat fünf Phasen, die jede für sich einen eigenen Beitrag zur Gesamtentwicklung haben. Zunächst soll auf diese fünf Projektphasen gemäß der Refit-Entwicklungsmethode eingegangen werden. Es handelt sich hierbei weitestgehend um eine Erfahrungstheorie, denn es wird auf eigene Erfahrungen mit der Refit-Entwicklungsmethode zurückgegriffen.

Am Beispiel der Entwicklung eines Elektromotors soll der Refit-Entwicklungsprozess dem Leser veranschaulicht werden (Abbildung 1). Dieser Refit-Prozess beginnt immer mit der Definitionsphase, also was soll entwickelt werden? Beim Beispiel eines Elektromotors könnte das eine Schaltbarkeit sein, welche es ermöglichen soll einzelne Spulen hinzuzuschalten beziehungsweise abzuschalten, damit diese aufgrund von Induktion Energie produzieren können während der Elektromotor angeschaltet ist. Nach der Definitionsphase folgt die Recherchephase. In dieser Recherche geht es darum zu erkunden, was wurde bereits entwickelt? Am Beispiel des Elektromotors könnte das seine Grundfunktion sein, also wie ein solcher Motor funktioniert. Nach der Recherchephase folgt die Lernphase. Es wird gelernt, wie das Refit entwickelt werden kann. Das erfolgt als Beispiel beim Elektromotor durch Bestimmung der zu entwickelnden Funktionen wie zum Beispiel seine Schaltbarkeit. Nach der Lernphase folgt die Arbeitsphase. In dieser Arbeitsphase entsteht schrittweise das Refit bis zur vollständigen Entwicklung der gewünschten Funktionen. Beim Elektromotor handelt es sich hierbei um die Montage des Elektromotors mit allen neuen Funktionen. Nach der Arbeitsphase folgt die Produktphase. Das Produkt beziehungsweise vielmehr das Refit ist fertig entwickelt und muss verbessert werden durch Definition, das bedeutet

Kolek, Erik (2024). Über die technologischen Grundlagen der interstellaren Raumfahrt. In: *Chroniken der Wirtschaftsinformatik-Physik (CWIP)*. Band 3, Auflagen-Nr. 1.0. ISBN: 9783759705549.

der Refit-Entwicklungsprozess beginnt von vorne. Der fertige Elektromotor wird nochmals betrachtet und gegebene Funktionen werden weiterentwickelt.

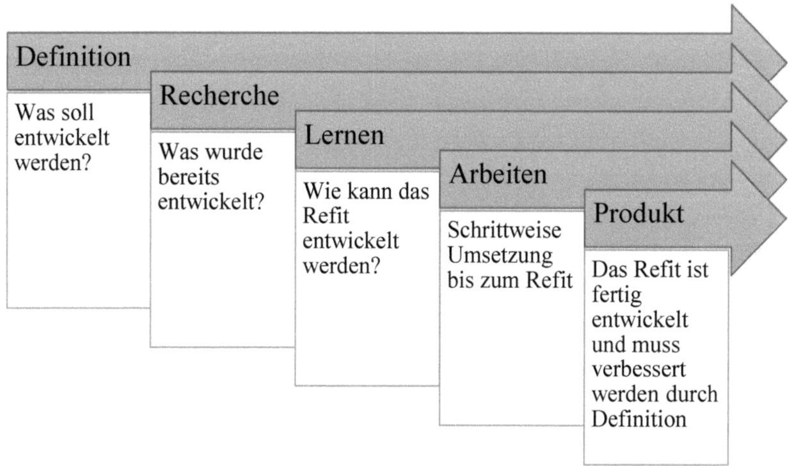

Abbildung 1. Der Refit-Entwicklungsprozess.

Die vorliegende Refit-Entwicklungsmethode wurde vornehmlich für die interstellare Raumfahrt entwickelt. Hier liegt ihre größte Stärke, denn Raumfahrtprojekte sind zumeist sehr große Projekte über die eine Übersicht zu halten schwierig sein kann. In diesen komplexen Projekten haben Ingenieure die Aufgabe Entwicklungen voranzutreiben, manchmal können das auch Reparaturen sein. Auch in mancher Reparatur steckt das Potenzial eines Refits. Refit kann im kleinen wie im großen angewendet werden, denn dabei handelt es sich vornehmlich um einen innovativen Denkansatz hinsichtlich von zu entwickelnder Technologie. Es geht also um die Entwicklung von Innovationen im kleinem wie im großem Stil.

Refits können auch spielerisch entstehen, indem beispielsweise mit Kupfer gespielt wird so zum Beispiel beim Elektromotor mit den Wicklungen. Spaß bei der Entwicklung steht dann im Vordergrund. Beim Spielen fällt so manche Innovation direkt auf und kann direkt umgesetzt werden. Ingenieure sollten öfters einfach Spaß

Kolek, Erik (2024). Über die technologischen Grundlagen der interstellaren Raumfahrt. In: *Chroniken der Wirtschaftsinformatik-Physik (CWIP)*. Band 3, Auflagen-Nr. 1.0. ISBN: 9783759705549.

bei der Entwicklung haben, so entstehen spielerisch Refits. Refit macht allen beteiligten Spaß.

Bei der Recherchephase hilft es nach bereits bestehenden Patenten zu suchen, so zum Beispiel die Recherche nach Patenten von Albert Einstein, Nikola Tesla und Thomas Alva Edison, denn aus diesen Patenten kann besonders viel gelernt werden. Diese Entwicklungen wurden teils experimentell gefertigt und teils nur in Gedanken, das bedeutet also auch mit Phantasie lassen sich kleine wie große Refits erstellen. Phantasie ist also wichtiger als Wissen wie Albert Einstein sagte auch im Refit-Entwicklungsprozess. Wichtig ist es zu verstehen, dass die einzelnen Refit-Entwicklungsschritte flexibel gestaltet sind, das bedeutet es kann jederzeit einen Schritt vor oder einen Schritt zurück gegangen werden. So kann aufgrund gefundener Patente beispielsweise zurück zur Definitionsphase gegangen werden, um nochmals das zu erstellende Refit besser zu beschreiben. Mit den gefundenen Patenten entsteht auch eine tiefere Lernphase und das wie im Refit-Entwicklungsprozess wird klarer werden. Mit der Umsetzung vor Augen kann die Arbeitsphase effizient angegangen werden. In der Arbeitsphase geht es um das Bauen und Konstruieren von kleinen und großen Refits. Oft ist es so, dass während der Entwicklung von großen Refits teils auch unbeabsichtigt kleine Refits entstehen sozusagen abfallen. In der Produktphase wird das Refit fertiggestellt und direkt optimiert. Diese Optimierungsvorgänge sind charakteristisch für die Refit-Entwicklungsprozessschritte. Aufgefundene Optimierungen werden direkt wieder mit in die (neue) Definitionsphase integriert.

Refit kann auch auf theoretische Arbeiten angewandt werden, so zum Beispiel im wissenschaftlichen Betrieb, wo es darum geht eine Facharbeit oder Theorie zu verbessern (Abbildung 1). Ein Fit ist eine Entwicklung und das Refit ist die Optimierung dieser Entwicklung. Es folgt aus einem Fit immer ein Refit, das zum Fit wird und daraus wiederum ein Refit und so weiter. Ein Refit-Entwicklungsprozess ist also immer auch ein Optimierungsprozess von Fit zu Refit zu Fit zu Refit und so weiter. Ein altes Refit kann in diesem Zusammenhang auch Retrofit genannt werden.

Kolek, Erik (2024). Über die technologischen Grundlagen der interstellaren Raumfahrt. In: *Chroniken der Wirtschaftsinformatik-Physik (CWIP)*. Band 3, Auflagen-Nr. 1.0. ISBN: 9783759705549.

Auch bei einer Theorieverbesserung kann im Refit-Entwicklungsprozess mit der Definitionsphase begonnen werden. Eine Theorie zum Beispiel von Albert Einstein soll verbessert werden, das könnte zum Beispiel die spezielle Relativitätstheorie [1] sein. In der Recherchephase wird der Ursprungsartikel von Albert Einstein gefunden [1]. In der Lernphase wird der Fachartikel gelesen und verstanden und es entstehen Ideen wie diese spezielle Relativitätstheorie [1] verbessert werden könnte. In der Arbeitsphase geht es dann um das Schreiben eben dieser neuen Ideen zum Beispiel hinsichtlich der Quantengravitation, das Refit entsteht schrittweise. Der fertige Fachartikel als Refit der speziellen Relativitätstheorie [1] stellt dann das Produkt dar, der auch direkt ein Fit ist und wieder zum Refit per Definition weiterentwickelt werden kann. Es ist ein lebendiger Entwicklungsprozess der zum Refit führt. Dieser fast endlose Entwicklungsprozess wird mit der Zeit immer langsamer werden, denn ein Refit zu gestalten bedeutet immer auch die Innovation zu sehen beziehungsweise zu erkennen, die umgesetzt werden soll.

Ein Refit zu erstellen macht Spaß und hat zur Folge, dass eine neue Technologie entstanden ist (Abbildung 2). Der Ingenieur ist sich seiner Leistung bewusst, da er die Refit-Entwicklungsmethode mit der Zeit verinnerlicht hat. Erfahrung spielt also bei der Refit-Entwicklungsmethode eine große Rolle. In jeder Phase des Entwicklungsprozesses werden gezielt Erfahrungen mit Refit generiert. In der Definitionsphase werden Grundlagen geschaffen. In der Recherchephase wird auf bereits bestehendes Wissen zurückgegriffen. In der Lernphase entstehen neue Erfahrungen durch das soziale Lernen und Nachvollziehen von technologischen Zusammenhängen. In der Arbeitsphase wird die Erfahrung erstellt, indem das Refit schrittweise Gestaltung annimmt. Als Produkt gilt dann das fertiggestellte Refit und die gewonnene Erfahrung, welche stets weiter optimiert wird. Es findet ein Refit der Definitionsphase statt. Eine weitere Recherchephase und Lernphase. Eine verbesserte Arbeitsphase und schließlich gelangt der Ingenieur wieder zum Produkt, das Refit.

Kolek, Erik (2024). Über die technologischen Grundlagen der interstellaren Raumfahrt. In: *Chroniken der Wirtschaftsinformatik-Physik (CWIP)*. Band 3, Auflagen-Nr. 1.0. ISBN: 9783759705549.

In der interstellaren Raumfahrt bestehen der Erfahrung nach komplexe Entwicklungsprojekte, die es gilt erfolgreich zu absolvieren. Dafür steht dem Ingenieur nun die Refit-Entwicklungsmethode zur Auswahl beziehungsweise zur Seite, insbesondere Teams profitieren im Falle einer kollaborativen Entwicklungsarbeit. Der Chefingenieur trägt die Verantwortung während der kollaborativen Entwicklungsarbeit. In der Definitionsphase wird das Raumschiff vollständig geplant. Danach in der Recherchephase wird nach bestehenden Technologien geforscht, welche sich dazu eignen verwendet zu werden während dem späteren Raumschiffbau. Es wird gelernt in der Lernphase wie sich das Raumschiff schrittweise zusammensetzen lässt. Das Raumschiff entsteht in der durchaus auch kollaborativen Arbeitsphase durch die Zusammenarbeit aller beteiligten Ingenieure. Das fertige Raumschiff ist als Produkt wieder zu optimieren, denn Refit startet immer wieder von vorne mit der Definitionsphase.

Das besondere an Refit ist seine Einfachheit, denn ohne Refit gab es nur schwierig umzusetzende Kreativitätstechniken wie zum Beispiel Brainstorming, kreatives Schreiben, Mind Mapping, Kartenabfrage und so weiter. Diese Liste hat keinen Anspruch auf Vollständigkeit, es sollte nur gezeigt werden, dass es kreative Möglichkeiten in der Zusammenarbeit gibt, jedoch keine einzige Entwicklungsmethode wie Refit. Design Thinking ist verwandt mit Refit, da beide sich mit der Optimierung von Lösungen inhaltlich auseinandersetzen. Refit ist jedoch eine weitaus fortschrittlichere Entwicklungsmethode, um innovative Technologien zu gestalten. Design Thinking gilt damit als veraltet und ist nicht geeignet für die Entwicklung eines Raumschiffes. Refit dagegen ist geeignet für die Entwicklung und Konstruktion von modernen Raumschiffen wie wir diese aus der bekannten Serie Star Trek kennen. Gestartet werden könnte mit der Enterprise NX-01, weil dieses Raumschiff den State-of-the-Art technologischer Entwicklungen heute darstellt.

Kolek, Erik (2024). Über die technologischen Grundlagen der interstellaren Raumfahrt. In: *Chroniken der Wirtschaftsinformatik-Physik (CWIP)*. Band 3, Auflagen-Nr. 1.0. ISBN: 9783759705549.

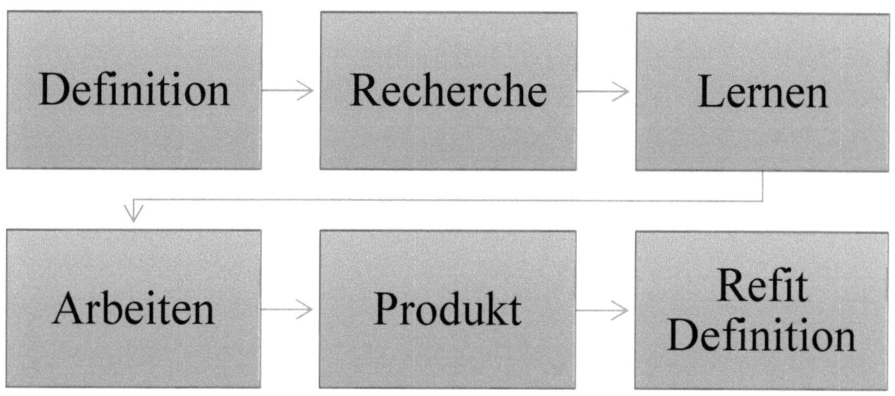

Abbildung 2. Die Refit-Entwicklungsprozessschritte.

Referenzen

[1]   A. Einstein (1905). Does the Inertia of a Body Depend upon its Energy Content? *Annalen der Physik 18(13)*, pp. 639–641.

Inhaltsübersicht

In diesem Forschungsartikel wird eine fortschrittliche ingenieurswissenschaftliche Methode namens Refit zur Gestaltung technologischer Innovationen entwickelt. Refit besteht aus den Phasen Definition, Recherche, Lernen, Arbeiten und Produkt. Diese Phasen können schrittweise angewandt werden und man kann jederzeit einen Schritt vor oder zurück gehen. Am Ende des Entwicklungsprozesses wird sofort wieder mit der Definitionsphase begonnen.

Kolek, Erik (2024). Über die technologischen Grundlagen der interstellaren Raumfahrt. In: *Chroniken der Wirtschaftsinformatik-Physik (CWIP)*. Band 3, Auflagen-Nr. 1.0. ISBN: 9783759705549.

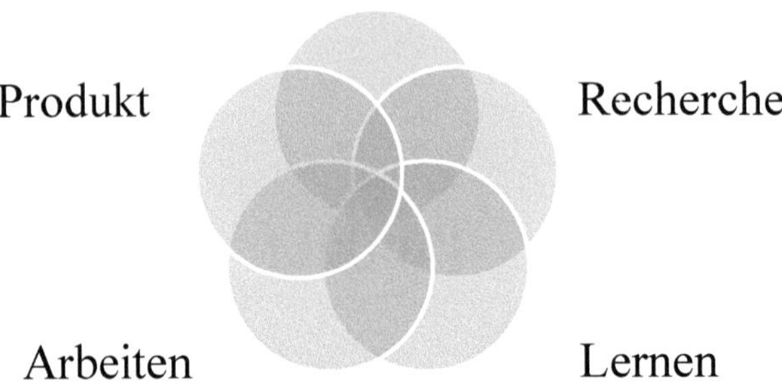

Abbildung 3. Inhaltsübersicht dargestellt durch die Bedeutung der Refit-Technologieentwicklungsmethode.

Wissenschaftliche Zitierung:

Kolek, Erik (2024). Der Erik-Kolek-Motor (E-KOMO) – Ein fortschrittlicher modularer, schaltbarer Elektrogeneratormotor. In: *Über die technologischen Grundlagen der interstellaren Raumfahrt.* Chroniken der Wirtschaftsinformatik-Physik (CWIP). Band 3, Auflagen-Nr. 1.0.

Erik Kolek (2024)

Der Erik-Kolek-Motor (E-KOMO) – Ein fortschrittlicher modularer, schaltbarer Elektrogeneratormotor

Erfinder: Dr. rer. pol. Erik Kolek

Beschreibung

[0001] Bei der Erfindung handelt es sich um einen fortschrittlichen modularen, schaltbaren Elektrogeneratormotor, das bedeutet um eine Kombination aus mindestens einem Elektromotor und mindestens einem Elektrogenerator, welcher induktiv Strom erzeugen kann, währenddessen der E-Motor Strom absorbiert und für die Bewegungsenergie sorgt, welche im E-Generator umgesetzt wird. Die Nutzer können beliebig auswählen, ob entweder mehr E-Motoren oder mehr E-Generatoren aktiv elektrisch geschaltet sind. Diese Entscheidung der Nutzer hängt hierbei allein von der gewünschten Voltleistung als Fortbewegungsleistung ab. Volle Voltleistung auf alle E-Motoren gewährleistet die größte Beschleunigung, jedoch auch die geringste Rückgewinnung von Energie und umgekehrt. Die Erfindung in Form eines modular aufgebauten und schaltbaren E-Generatormotors wird nachfolgend Erik-Kolek-Motor genannt, kurz E-KOMO.

[0002] Die Herstellerbranche des E-KOMO ist die Elektrotechnikbranche. Zum Betrieb des E-KOMO kann Gleichstrom oder Wechselstrom genutzt werden. Nur Elektromagnete machen den E-KOMO günstiger in der Produktion. Permanentmagnete benötigen seltene Erden wie Eisen, Kobalt und Nickel, daher

Kolek, Erik (2024). Über die technologischen Grundlagen der interstellaren Raumfahrt. In: *Chroniken der Wirtschaftsinformatik-Physik (CWIP)*. Band 3, Auflagen-Nr. 1.0. ISBN: 9783759705549.

sollte an dieser Magnetart allgemein gespart werden. Der E-KOMO steht für unterschiedliche Anwendungsgebiete (in fast allen Geräten mit oder ohne Stromkabel; seien es Autos, Kraftwerke, Raumfahrt, Spielzeugautos, Spielzeug, Rasenmäher, Küchenmaschinen, Geschirrspüler, Waschmaschinen, elektrische Rollläden, Rolltreppen, Züge, Gabelstapler, Kühlschränke, Produktionsmaschinen usw.). 50 Prozent der Energie auf der Welt fließt in Motoren und wird verbraucht ohne Rückgewinnung, letzteres Problem löst der E-KOMO, indem er einen Teil der Bewegungsenergie immer in Strom umwandelt. Natürlich wird es auf dem Markt weiterhin veraltete gewohnte klassische E-Motoren und althergebrachte E-Generatoren jeweils einzeln geben. Das bedeutet, eigentlich gibt es noch keine vergleichbaren Mitbewerberprodukte, da diese nur auf Energieeffizienz den Fokus setzen und nicht gleichzeitig auch auf Energierückgewinnung entsprechend Albert Einsteins Impulserhaltungssatzes für die Energie $E = mc^2$ [1].

[0003] Die Entwicklung des E-KOMO folgt dem von Erik Kolek erdachten Refit-Ansatz, der seinen Ursprung in der bekannten Star Trek-Wirklichkeit von Gene Roddenberry hat. Hierzu wird eine beliebige Technologie ausgesucht, hier der E-Motor, daraufhin wird diese Technologie schrittweise verbessert. Letzteres erfolgt bis eine höherwertige Technologiestufe bzw. Refitstufe am Ende der Entwicklung erreicht wurde. Natürlich ist die Entwicklungsmethode Refit fast unendlich häufig anwendbar. Wichtig ist auf der nächsten Refitstufe, dass immer die positiven Entwicklungsaspekte mitgenommen und die negativen Entwicklungsaspekte aussortiert werden. Beim E-KOMO handelt es sich um ein großes Refit. Kleine Refits sind beispielsweise entstandene einzelne Bauteile oder Technologielernaspekte wie das eKolek-Newton-Pendel (**Abb. 15**).

[0004] Der E-KOMO ist nachhaltig in seiner Energieverwendung und entspricht einem grünen Technologieansatz, der anstelle einer Ladeinfrastruktur oder der Batterie den Motor, beispielsweise eines Automobils oder sonstigen Kraftfahrzeugs, in den Fokus nimmt und näher betrachtet. Es werden so ökonomische, ökologische

Kolek, Erik (2024). Über die technologischen Grundlagen der interstellaren Raumfahrt. In: *Chroniken der Wirtschaftsinformatik-Physik (CWIP)*. Band 3, Auflagen-Nr. 1.0. ISBN: 9783759705549.

und soziale Aspekte der elektrischen Mobilität berücksichtigt. Der E-KOMO spart Geld und Zeit, ist energieeffizienter als ein gewohnter klassischer E-Motor, verursacht dementsprechend weniger CO_2-Emmissionen und ist leise und leistungsfähiger gegenüber Verbrennungsmotoren, denn diese gewinnen keinerlei Energie zurück und haben auch nicht das Potenzial in der Gesellschaft weitgehende soziale Akzeptanz zu finden. Die Nutzer möchten zumindest gleichwertige oder bessere Alternativen zum Verbrennungsmotor haben. Der E-KOMO befriedigt dieses soziale Bedürfnis dadurch, dass er die gleiche Leistung und sogar die Möglichkeit bietet, Energie im Leerlauf oder Teilleerlauf zurückzugewinnen. Dazu kann der E-KOMO unterschiedlich geschaltet werden (**Abb. 1**). Sind mindestens zwei E-Generatormotoren auf der Welle montiert, so kann entsprechend des Schaltungsplans gewählt werden, dass (a) zwei E-Motoren laufen, (b) ein E-Generator und ein E-Motor an sind oder (c) zwei E-Generatoren im Leerlauf Energie erzeugen. Letzteres ist sehr gut nachvollziehbar stellt man sich zum Beispiel eine angetriebene Hinterachse und eine passive mitlaufende Vorderachse eines Automobils vor (**Abb. 2**). Der E-KOMO bietet auch die Möglichkeit mehr als nur zwei elektrische Generatoren beziehungsweise Motoren auf einer Welle zu platzieren, entsprechend sind mehr E-Motoren beziehungsweise mehr E-Generatoren frei beliebig schaltbar. Die Vorteile eines schaltbaren E-Generatormotors sind am E-KOMO einfach nachvollziehbar (**Abb. 1**). Wichtig ist, die einzelne Schaltbarkeit der Bestandteile des E-Generatormotors, denn Gruppierungen von Ankern (**3, 13, 14**) an Kommutatoren (**1**) machten den E-KOMO ineffizienter und schwerfälliger. Das ist natürlich zu vermeiden.

[0005] Die technologisch innovativen Vorteile des E-KOMO sind leicht zu erkennen, betrachtet man dessen Einsatzmöglichkeiten beispielsweise beim Automobil (**Abb. 2**). Es ist kein schweres Getriebe mehr notwendig, denn der E-KOMO kann direkt an der Vorderachse und Rückachse verbaut werden. Anstatt der gewohnten Schaltung wird ganz bequem die gewollte Volteinstellung analog zur Verbrennungsmotorbeschleunigung per Pedal durch die Nutzer bestimmt. E-Motoren

Kolek, Erik (2024). Über die technologischen Grundlagen der interstellaren Raumfahrt. In: *Chroniken der Wirtschaftsinformatik-Physik (CWIP)*. Band 3, Auflagen-Nr. 1.0. ISBN: 9783759705549.

werden entsprechend hinzu geschaltet oder abgeschaltet, damit die Energierückgewinnung gewährleistet ist. Mehr Gas bedeutet heute mehr Volt, ab einer gewissen Voltzahl schalten sich automatisch E-Motoren an beziehungsweise E-Generatoren aus. Sobald kein Gas im Sinne gewünschter Beschleunigung mehr gegeben wird, wird der Akku wieder aufgeladen bereits während der Fahrt und nicht erst an der Ladestation beispielsweise Zuhause. Für Ladestationen ist noch ein externer Stromanschluss an dem Verteiler zu berücksichtigen. Letzterer ist überflüssig, sobald auf dem Dach eine Photovoltaikanlage zur Unterstützung des E-KOMO verbaut ist. Ergänzt werden muss dafür ein Anschluss am Wechselrichter, so ist die Batterie jederzeit aufladbar unabhängig vom Standort des Automobils. Momentan ist auf dem Schaltungsschema der Heckantrieb an, vorne wird nur Energie produziert und der Leistungselektronik zugeführt (**Abb. 2**). Das ermöglicht eine viel höhere Reichweite, auch weil das Automobil ohne zusätzliches Gewicht wie von Getriebe und Verbrennungsmotor ultra-leicht wird. Das Auto ist energieeffizient und trotzdem sportlich in der Beschleunigung. Es ist dank des E-KOMO das Automobil der Zukunft des 21. Jahrhunderts möglich.

[0006] Bei den folgenden Ausführungsvarianten heißt es immer: what you see is what you get. Das bedeutet, es werden Erfahrungen erläutert, damit die anknüpfenden Ausführungsvarianten leichter nachvollziehbar sind. Alle gezeigten Ausführungs-varianten sind funktionierende Anschauungsmodelle und befinden sich später in industrieller Fertigung in einem Gehäuse. Letztendlich geht es darum den E-Motor erfunden von Thomas Davenport dank der Technologieinnovationsmethode Refit weiterzuentwickeln. Entsprechend können weitere Verbesserungen bei der späteren industriellen Umsetzung direkt vorgenommen werden. Hier geht es nur um die Erfindung und Schutzansprüche ergeben sich aus den Weiterentwicklungen des E-Motors zum E-Generatormotors beziehungsweise E-KOMO (auch gegeben durch Urheberrechte).

Kolek, Erik (2024). Über die technologischen Grundlagen der interstellaren Raumfahrt. In: *Chroniken der Wirtschaftsinformatik-Physik (CWIP)*. Band 3, Auflagen-Nr. 1.0. ISBN: 9783759705549.

[0007] Ausführungsvariante 1. Freischwingende Permanentmagnete (**4**, **5**) erhöhen die Leistung des E-KOMO (**Abb. 3** und **Abb. 4**). Durch ein frei bewegliches Magnetfeld (**4**, **5**) konnte zwar die Leistung gesteigert werden, jedoch erwies sich der E-KOMO insgesamt so als etwas laufunruhiger und weniger stabil. Deswegen wurde diese Konstruktionsvariante nicht umfassender erforscht (außer den Vorschlag wie unten diesen Effekt besser in der Raumfahrt zu nutzen). Möglichkeiten, welche hieraus entstehen könnten, sind unter Umständen im Vakuum unseres Weltalls besser nachvollziehbar. Bis dahin bleibt es bei der Schaltung zwischen mindestens einem E-Motor einerseits und mindestens einem E-Generator andererseits dank des induktiven elektrischen Prinzips. Der einfachste E-KOMO besteht aus einem E-Motor und einem E-Generator während Strom durch den E-Motor geleitet wird (**Abb. 3**). Entsprechend wird der E-KOMO stabiler im Lauf und kräftiger, wenn zwei Bauteile jeweils verdoppelt werden, so hier geschehen bei den Ankern (**8**), die jeweils an einem Kommutator (**1**) hängen (**Abb. 4**). Allgemein wurden die Schwingungen gedämpft, indem eine Verbindungsstrebe (**10**) oberhalb zur Führung der (Permanent-)Magnete (**4**) verbaut wurde. Es handelt sich um zweipolige Anker 3. Doppelanker (**8**) an einem Kommutator (**1**) sind in **Abb. 4** zu sehen.

[0008] Der beobachtete Magneteffekt des E-KOMO beschreibt eine frequenzbasierte Zusammenwirkung zwischen Magnetfeldern gemäß der Elektrodynamik. Bei Experimenten mit (elektrischen) Magneten ist eine gegenseitige Schwingungs-amplitude sichtbar, welche die Leistung des E-KOMO nochmals im Sinne der Effizienz aufgrund der zusätzlich gewonnenen magnetisch kinematischen Energie steigert sowie alle anderen konventionellen elektrischen Motoren und Generatoren; auch in Kraftwerken. Es handelt sich hierbei um ein Prinzip auf dessen Basis eine fortschrittlichere Elektrodynamik entsteht, die Elektromagnetdynamik. Im luftleeren Raum unseres Universums ist der beobachtete Magneteffekt möglicherweise die Grundlage für einen Magnetimpulsantrieb der bei entsprechend langer Beschleunigung annähernde Lichtgeschwindigkeit energieeffizient ermöglichen könnte (**Abb. 20**); jedoch handelt es sich in der Forschungspraxis bei dem

Kolek, Erik (2024). Über die technologischen Grundlagen der interstellaren Raumfahrt. In: *Chroniken der Wirtschaftsinformatik-Physik (CWIP)*. Band 3, Auflagen-Nr. 1.0. ISBN: 9783759705549.

konstruierten Magnetimpulsantrieb bestimmt nur um einen energieeffizienten Manövrierantrieb.

[0009] Ausführungsvariante 2. Dank der gelernten Magneteffekte wurde auf freischwingende Magnete (**4, 5**) verzichtet (**Abb. 5** und **Abb. 6**). Es entstanden so laufruhige und stabile elektrische Motoren beziehungsweise Generatoren. Beim E-KOMO kann frei hin und her geschaltet werden (**Abb. 1** und **Abb. 5**). Das Besondere ist die modulare Bauweise, so kann der E-KOMO beliebig oft hintereinander verbaut werden (**Abb. 6**). In jedem Fall besteht immer eine direkte Verbindung mit der Welle beziehungsweise Antriebsachse (**6**).

[0010] Ausführungsvariante 3. Um ökologische Aspekte der Nachhaltigkeit mehr zu berücksichtigen wurden beim E-KOMO die Permanentmagnete durch Elektromagnete (**4**) ersetzt. Weiterhin besteht eine Schaltbarkeit (**11**) entsprechend dem gewollten Schaltungsschema (**Abb. 1**, **Abb. 7** und **Abb. 8**). Die Verwendung des Doppelankers (**8**) machte den E-KOMO in **Abb. 8** kräftiger und schwungvoller aber auch etwas unruhiger und langsamer im Vergleich zur Variante gesehen in der **Abb. 9**. Hier lief der E-KOMO wie geschmiert und seine Vorteile bei der Schaltung (**11**) kamen voll und ganz zur Geltung. Wichtig ist es, dass sichergestellt ist, dass die E-Magnete auch dauerhaft Strom haben, denn sonst kann keine Energierückgewinnung erfolgen. Dazu ist am besten jeder Kommutator (**1**) einzeln zu schalten (**11**). Auch hier handelt es sich jeweils um zweipolige Anker (**3**).

[0011] Ausführungsvariante 4. Zur weiteren Beschleunigung der Laufleistung des E-KOMO wurde die Polanzahl erhöht auf drei (**13**) und auf vier Pole (**14**) (**Abb. 9** bis **Abb. 12**). Es stellte sich für den E-KOMO heraus, dass umso höher die Polanzahl ist, desto effizienter und schneller arbeitet er. Die Größe spielt hierbei auch eine Rolle, denn umso kleiner der Anker (**3, 13, 14**) ist, desto schneller scheint sich dieser drehen zu lassen, aber er wird schwächer im Sinne der Reibungsüberwindung; zum Beispiel beim stehenden Automobil. Das bedeutet ein kleinerer E-KOMO muss nicht unbedingt weniger Leistung haben. Interessant ist die Anordnung der

Kolek, Erik (2024). Über die technologischen Grundlagen der interstellaren Raumfahrt. In: *Chroniken der Wirtschaftsinformatik-Physik (CWIP)*. Band 3, Auflagen-Nr. 1.0. ISBN: 9783759705549.

Permanentmagnete beziehungsweise Elektromagnete an der Seite (9) (**Abb.** 9 und **Abb.** 10), das hat eine zweifache Beschleunigung zur Folge. Entsprechend müssen Anker (**3**, **13**, **14**) gänzlich von Elektromagneten (**4**) umschlossen sein, um die bestmögliche Leistung zu erzielen. Deswegen wurde in **Abb.** 11 und **Abb.** 12 wieder eine umschließende Anordnung der Elektromagnete (**4**) gewählt. Das Besondere ist die Schaltbarkeit, denn dieses Mal wurde von Doppelankern (**8**) abgesehen und jeder Anker (**3**, **13**, **14**) einem Kommutator (**1**) zugeordnet, das machte den E-KOMO viel effizienter und schneller beim Schalten (**11**). Doppelanker (**8**) sind eine gute Idee, jedoch etwas schwerfällig in der Umsetzung, dafür aber kräftiger. Letzteres hängt davon ab, wofür der E-KOMO genutzt werden soll. Beim Automobil ist beispielsweise der Anker (**3**, **13**, **14**) mit Kommutator (**1**) bestimmt für die Nutzer interessanter, weil so mehr Gänge geschaltet werden können. Der E-KOMO gesehen in **Abb.** 12 läuft also sehr sportlich, fast wie ein Boxermotor.

[0012] In **Abb.** 13 ist das e-Kolek-Newton-Pendel zur Erklärung der induktiven Energierückgewinnung bestehend aus Bewegungsenergie und elektrischer Leistung zu sehen. Es basiert auf dem Newton-Pendel und ist einzeln in jeder Maschine einsetzbar, in der Bewegung in elektrische Energie zurückgeführt werden muss. So beispielsweise beim Auto, dass anfährt und bremst, das bedeutet jede Veränderung der Geschwindigkeit bewirkt eine gewisse Energierückgewinnung, nur aufgrund des eingesetzten e-Kolek-Newton-Pendels, das beim Pendeln über Permanentmagnete besser E-Magnete streift. Andere besonders interessante Anwendungsbeispiele sind hier Züge und Kraftwerke, insbesondere Wasserkraftwerke, denn jede Schwingung bedeutet gleichzeitig Energierückgewinnung. Letztendlich wurde gelernt, dass stets zur Erzeugung von Energie ein Magnetfeld vorhanden sein muss, am besten eine Kombination bestehend aus Permanentmagnet und E-Magnet.

[0013] **Ausführungsvariante 5.** Zur energieeffizienteren Beschleunigung der Laufleistung des E-KOMO wurde die Polanzahl (**13**, **14**) erhöht sowie Permanent- und Elektromagnete (**4**) genutzt (**Abb.** 14 bis **Abb.** 16). Die Kombination aus

Kolek, Erik (2024). Über die technologischen Grundlagen der interstellaren Raumfahrt. In: *Chroniken der Wirtschaftsinformatik-Physik (CWIP)*. Band 3, Auflagen-Nr. 1.0. ISBN: 9783759705549.

Permanent- und Elektromagnetisierung (**4**) hat den Vorteil, dass beliebig gewählt werden kann, den E-KOMO dank des E-Magnets zu beschleunigen und/oder auf den Permanentmagnet zu vertrauen. Auch hier wurde wieder jedem Anker (**13**, **14**) ein Kommutator (**1**) zugeordnet, um einen ruhigen, stabilen und sportlichen Lauf des E-KOMO zu garantieren. In **Abb. 16** ist eine Dreierschaltung (**11**) zu sehen, welche im Gegensatz zur Zweierschaltung (**11**) und Viererschaltung (**11**), die geeignete Schaltung in der Mitte darstellt. Drei Schaltgänge erscheinen für zweirädrige Maschinen wie E-Bikes, E-Motorroller und E-Motorräder geeignet zu sein.

[0014] **Ausführungsvariante 6.** Der E-KOMO ist in weiteren Varianten nutzbar (**Abb. 17** bis **Abb. 19**). Er kann als doppelter bzw. mehrdimensionaler Walzenmotor beziehungsweise Reedkontaktmotor gebaut werden (**Abb. 17**). Besser jedoch ist eine noch höhere Anzahl an E-Magneten also beispielsweise links und rechts sowie oben und unten, beziehungsweise an allen Seiten wie ein Stern angebracht. Eine Verbindung des E-KOMO mit Photovoltaik- beziehungsweise Solarzellen (**19**) ist jederzeit möglich und sinnvoll umsetzbar (**Abb. 18**). Letzteres kann sogar die vorhandenen Solarkraftwerke deutlich verbessern, sobald dort der E-KOMO zum Einsatz kommt. Wieder zeigt sich die Vielfalt der Einsatzfähigkeit des E-KOMO. Er lässt sich auch als Stirlingmotor umsetzen bei dem die heiße Luft über eine einfache Kupferwicklung (**20**) ergibt (**Abb. 19**).

[0015] **Ausführungsvariante 7.** Der E-KOMO ist die Grundlage für einen Magnetimpulsantrieb im Vakuum unseres Universums (**Abb. 20**). Das Besondere ist dessen mehrdimensionale Drehbarkeit, denn einerseits drehen sich die Anker (**3**) um die Kommutatoren (**1**) und andererseits dreht sich die gesamte Konstruktion um die Anker (**3**) und Kommutatoren (**1**). Dieser Magnetimpulsantrieb (beziehungsweise Manövrierantrieb) bedarf weiterer Forschung im luftleeren Raum unseres Universums.

Kolek, Erik (2024). Über die technologischen Grundlagen der interstellaren Raumfahrt. In: *Chroniken der Wirtschaftsinformatik-Physik (CWIP)*. Band 3, Auflagen-Nr. 1.0. ISBN: 9783759705549.

Schutzansprüche des E-KOMO welche den gewohnten klassischen E-Motor beziehungsweise E-Generator allgemein verbessern

1. Beliebig auswählbare **Schaltungen** zwischen den Elektromotoren beziehungsweise Elektrogeneratoren ermöglichen eine energieeffiziente nachhaltige Nutzung (**Abb. 1**). Im Leerlauf sind nur E-Generatoren an beziehungsweise unter Volllast alle E-Motoren. Entsprechend sind nach Nutzer individuell benötigter Voltleistung dazwischen eine gewisse Anzahl an Motoren und Generatoren möglich zu elektrifizieren. Wichtig ist die einzelne Schaltbarkeit der Anker sowie die Schaltanzahl: Zweier, dreier und vierer usw. Schaltung.

2. Freischwingende Permanentmagnete beziehungsweise demnach auch entsprechend angebrachte Elektromagnete können die Leistung des E-KOMO (E-Generatormotor) positiv beeinflussen beziehungsweise erhöhen (Schwungfrequenz), jedoch darf dieses **freie Schwingen der Magnete** nicht allzu groß sein. In der Raumfahrt dagegen könnte sogar ein entsprechend gebauter Magnetimpulsantrieb die Möglichkeit bieten ohne großen Energieaufwand geschickt und präzise kleinere Kurskorrekturen durch Verschiebung der Punktmasse zu arrangieren (Manövrierantrieb).

3. Die Einsatzfähigkeit, insbesondere beim Automobil und in ähnlichen Maschinen (**Abb. 2**), dank des **modularen Aufbaus** des E-KOMO.

4. Mindestens zwei bis vier oder noch mehr elektrische Motoren bzw. Generatoren sind drehbar auf einer **gemeinsamen Welle** beziehungsweise Antriebsachse angebracht.

5. Geteilte Kommutatoren an denen zwei Anker befestigt sind jeweils mindestens einer links und einer rechts (sogenannte **Doppelanker 8**). Entsprechend sind mehrfache Anker möglich zu verbauen.

6. Das **e-Kolek-Newton-Pendel** als neue Möglichkeit der Energierückgewinnung aus Bewegungsenergie zurückgeleitet in elektrische Leistung.

Kolek, Erik (2024). Über die technologischen Grundlagen der interstellaren Raumfahrt. In: *Chroniken der Wirtschaftsinformatik-Physik (CWIP)*. Band 3, Auflagen-Nr. 1.0. ISBN: 9783759705549.

7. Die stetige effizienteste Verwendung von zwei Magnetarten gleichzeitig: Elektromagnete und Permanentmagnete sind immer gleichzeitig zu verbauen, um die beste elektrische Induktionsleistung für die Energierückgewinnung zu erhalten (**gekennzeichnet durch** Anspruch 6). Die Parallelschaltung der Elektromagnete verbunden mit den einzeln schaltbaren Kommutatoren, an denen ein zwei- bis x-poliger Anker verbunden wird.

8. Die **Ausführungsvarianten** des E-KOMO gesehen in den **Abb. 3** bis **Abb. 20** sowie die darin zu sehenden elektrotechnischen Schaltpläne.

9. Alle daran **anknüpfenden Ausführungsvarianten** des E-KOMO industrieller Art (**gekennzeichnet durch** Anspruch 8).

10. Mehrdimensionalität des modularen Aufbaus dank mehreren Elektromagneten beim Walzenmotor beziehungsweise Reedkontaktmotor (**Abb. 17**).

11. Die **Verbindung** von E-KOMO mit Photovoltaik- bzw. Solarzellen zur Effizienzsteigerung von entsprechenden Kraftwerken.

12. Erzeugung von Heißluft durch Kupferwicklungen beim Stirling-E-KOMO.

13. Der Magnetimpulsantrieb als ein Manövrierantrieb dank des E-KOMO (**Abb. 20**).

Bezugszeichenliste

1   Kommutator

2   Kupferkontakt / Eisenkontakt

3   Anker (Rotor) zweipolig

4   Permanentmagnet oben / Elektromagnet oben

5   Freischwingende Halterung

6   Motorwelle / Motorachse

Kolek, Erik (2024). Über die technologischen Grundlagen der interstellaren Raumfahrt. In: *Chroniken der Wirtschaftsinformatik-Physik (CWIP)*. Band 3, Auflagen-Nr. 1.0. ISBN: 9783759705549.

7	Permanentmagnet unten / Elektromagnet unten
8	Doppelanker (Doppelrotor) zweipolig an einem Kommutator
9	Permanentmagnet seitlich / Elektromagnet seitlich
10	Feststehende Halterung
11	Schaltung des Kommutators
12	Parallelschaltung
13	Anker (Rotor) dreipolig
14	Anker (Rotor) vierpolig
15	Freischwingende/r Elektromagnet/e
16	Drehende/r Permanentmagnet/e
17	Reedkontakt
18	Feststehender Elektromagnet
19	Photovoltaik-/Solarzelle
20	Kupferwicklung

Es folgen 19 Seiten Abbildungen.

Referenzen

[1]   A. Einstein (1905). Does the Inertia of a Body Depend upon its Energy Content? *Annalen der Physik 18(13)*, pp. 639–641.

Kolek, Erik (2024). Über die technologischen Grundlagen der interstellaren Raumfahrt. In: *Chroniken der Wirtschaftsinformatik-Physik (CWIP)*. Band 3, Auflagen-Nr. 1.0. ISBN: 9783759705549.

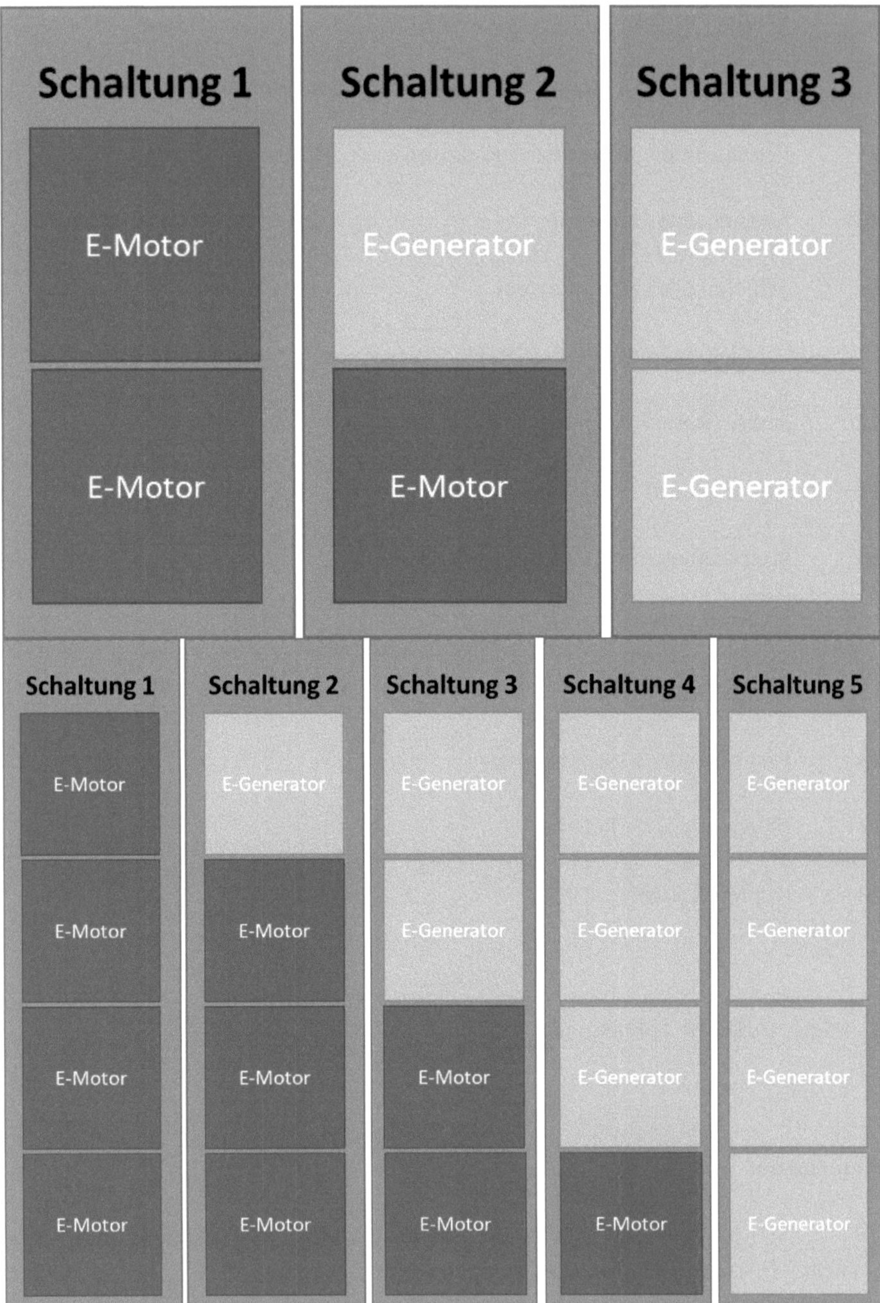

Abb. 1. Zwei Schaltungsschemas des E-KOMO mit zwei bzw. vier Elektrogeneratormotoren.

Kolek, Erik (2024). Über die technologischen Grundlagen der interstellaren Raumfahrt. In: *Chroniken der Wirtschaftsinformatik-Physik (CWIP)*. Band 3, Auflagen-Nr. 1.0. ISBN: 9783759705549.

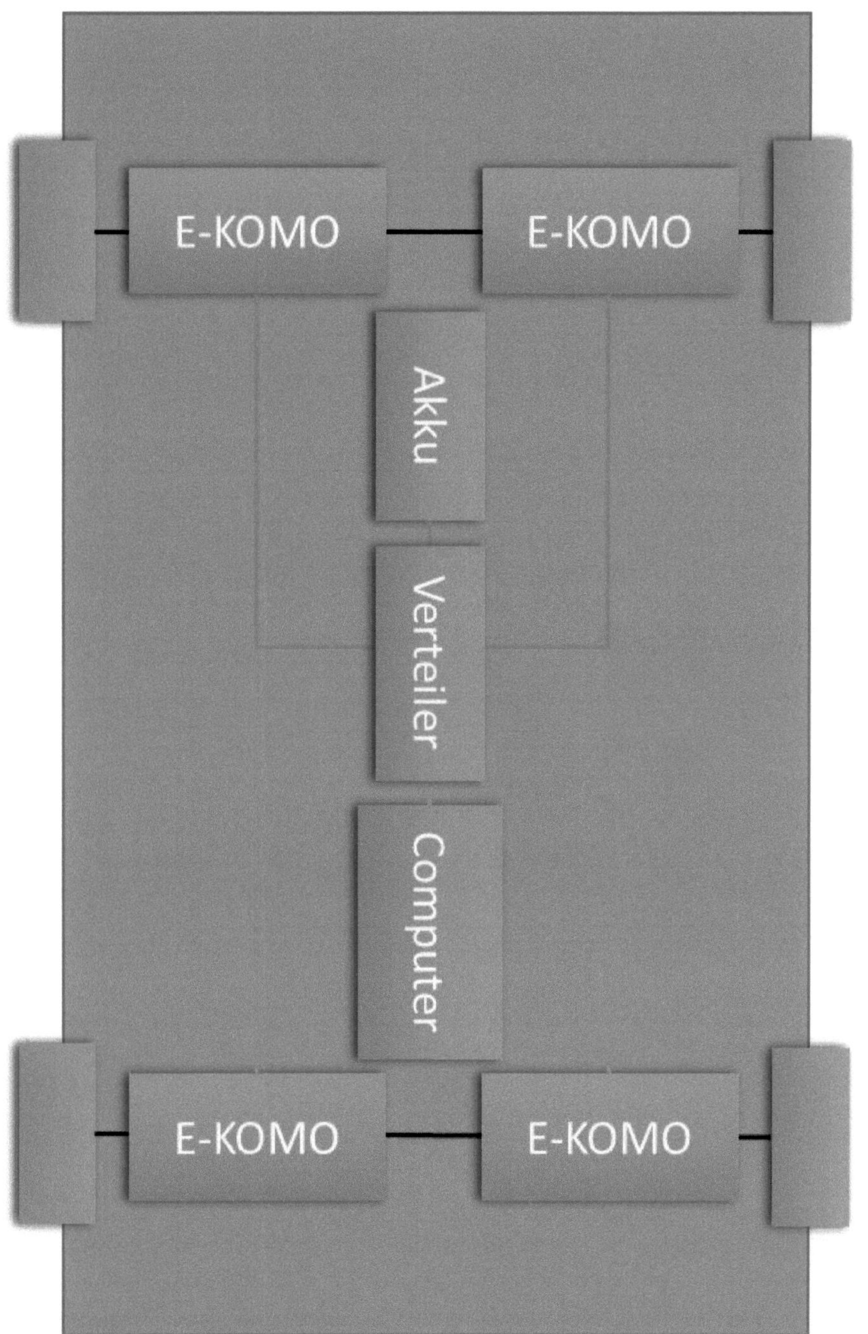

Abb. 2. Schaltungsschema der Stromkreise des E-KOMO am Beispiel des Automobils.

Kolek, Erik (2024). Über die technologischen Grundlagen der interstellaren Raumfahrt. In: *Chroniken der Wirtschaftsinformatik-Physik (CWIP)*. Band 3, Auflagen-Nr. 1.0. ISBN: 9783759705549.

Abb. 3. Der E-KOMO in modularer Bauweise mit freischwingenden Permanentmagneten und zwei Ankern an jeweils einem Kommutator.

Kolek, Erik (2024). Über die technologischen Grundlagen der interstellaren Raumfahrt. In: *Chroniken der Wirtschaftsinformatik-Physik (CWIP)*. Band 3, Auflagen-Nr. 1.0. ISBN: 9783759705549.

Abb. 4. Der E-KOMO in modularer Bauweise mit freischwingenden Permanentmagneten und zwei Doppelankern an jeweils geteiltem Kommutator.

Abb. 5. Der E-KOMO in modularer Bauweise mit festen Permanentmagneten und einem Anker an jeweils einem Kommutator.

Kolek, Erik (2024). Über die technologischen Grundlagen der interstellaren Raumfahrt. In: *Chroniken der Wirtschaftsinformatik-Physik (CWIP)*. Band 3, Auflagen-Nr. 1.0. ISBN: 9783759705549.

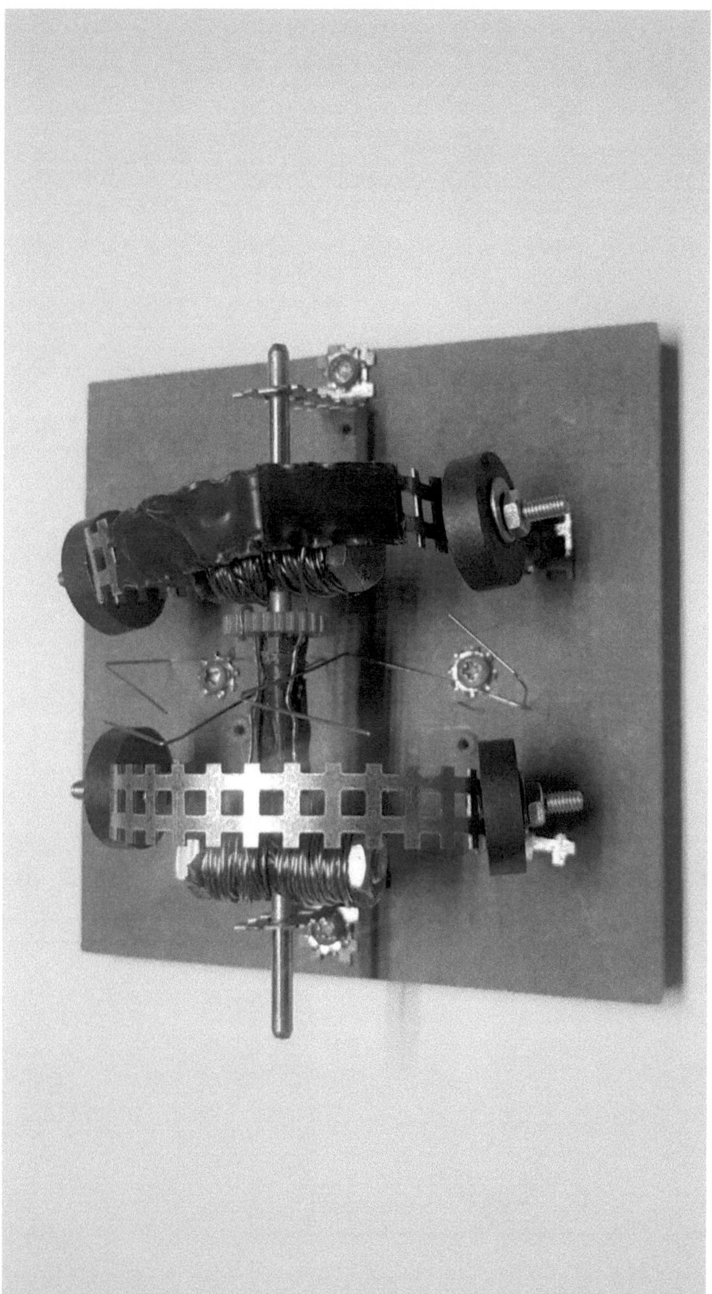

Abb. 6. Der E-KOMO in modularer Bauweise mit festen Permanentmagneten und Doppelanker an einem geteiltem Kommutator.

Kolek, Erik (2024). Über die technologischen Grundlagen der interstellaren Raumfahrt. In: *Chroniken der Wirtschaftsinformatik-Physik (CWIP)*. Band 3, Auflagen-Nr. 1.0. ISBN: 9783759705549.

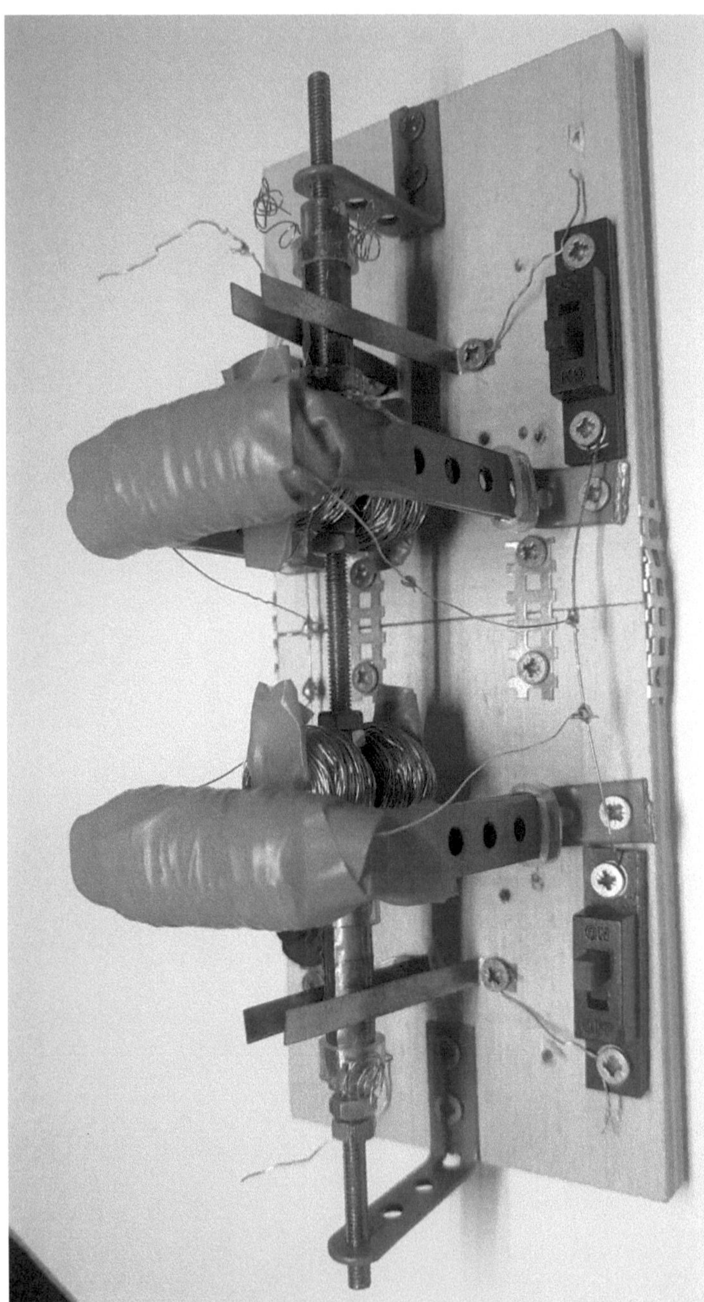

Abb. 7. Der E-KOMO in modularer Bauweise mit festverbauten Elektromagneten und Ankern an jeweils einem Kommutator zur beliebig auswählbaren Schaltbarkeit.

Kolek, Erik (2024). Über die technologischen Grundlagen der interstellaren Raumfahrt. In: *Chroniken der Wirtschaftsinformatik-Physik (CWIP)*. Band 3, Auflagen-Nr. 1.0. ISBN: 9783759705549.

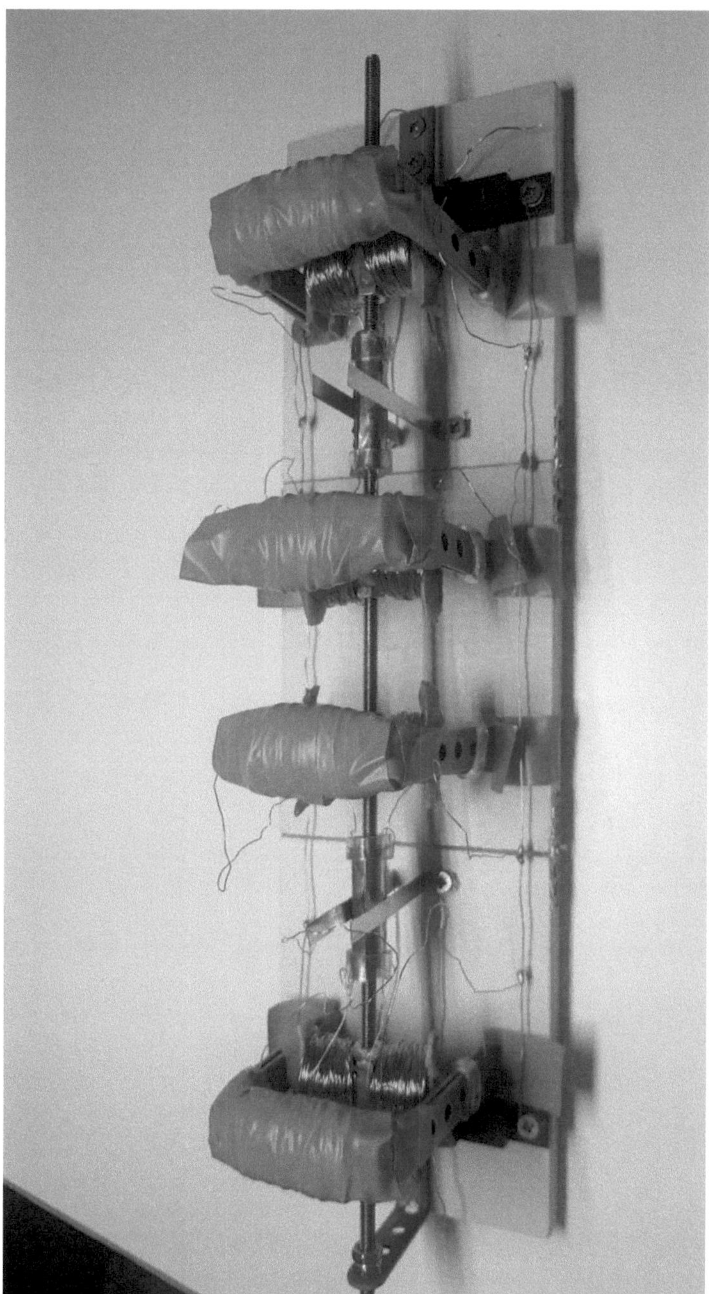

Abb. 8. Der E-KOMO in modularer Bauweise mit festverbauten Elektromagneten und Doppelankern an jeweils einem Kommutator zur beliebig auswählbaren Schaltbarkeit.

Kolek, Erik (2024). Über die technologischen Grundlagen der interstellaren Raumfahrt. In: *Chroniken der Wirtschaftsinformatik-Physik (CWIP)*. Band 3, Auflagen-Nr. 1.0. ISBN: 9783759705549.

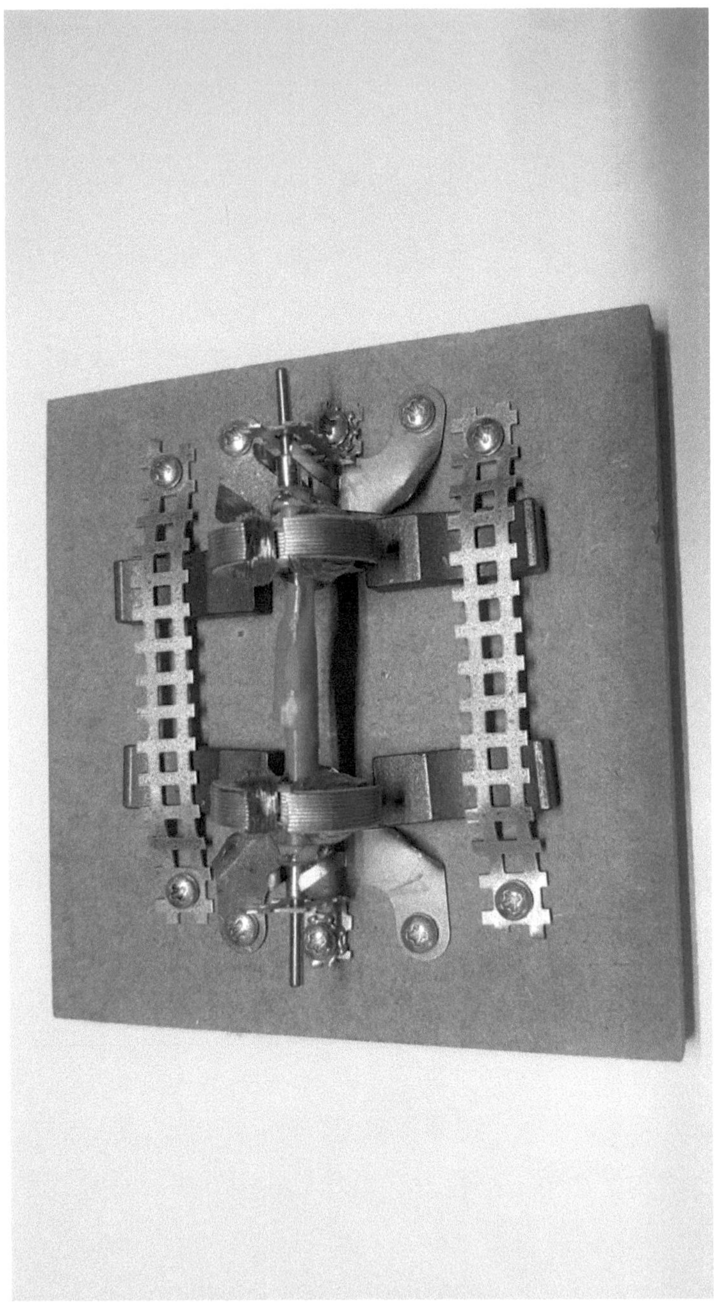

Abb. 9. Der E-KOMO in modularer Bauweise mit festverbauten Permanentmagneten und dreipoligen Ankern an jeweils einem Kommutator zur beliebig auswählbaren Schaltbarkeit.

Kolek, Erik (2024). Über die technologischen Grundlagen der interstellaren Raumfahrt. In: *Chroniken der Wirtschaftsinformatik-Physik (CWIP)*. Band 3, Auflagen-Nr. 1.0. ISBN: 9783759705549.

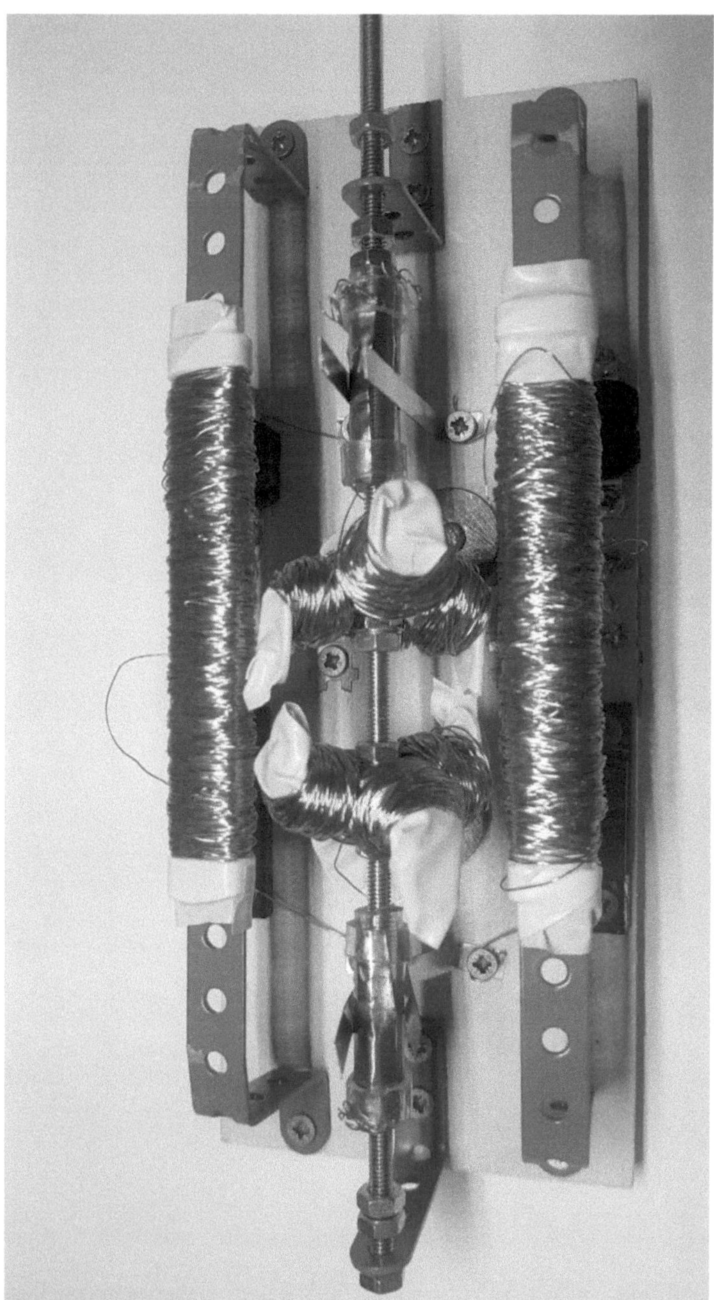

Abb. 10. Der E-KOMO in modularer Bauweise mit seitlich festverbauten Elektromagneten und vierpoligen Ankern an jeweils einem Kommutator zur beliebig auswählbaren Schaltbarkeit.

Kolek, Erik (2024). Über die technologischen Grundlagen der interstellaren Raumfahrt. In: *Chroniken der Wirtschaftsinformatik-Physik (CWIP)*. Band 3, Auflagen-Nr. 1.0. ISBN: 9783759705549.

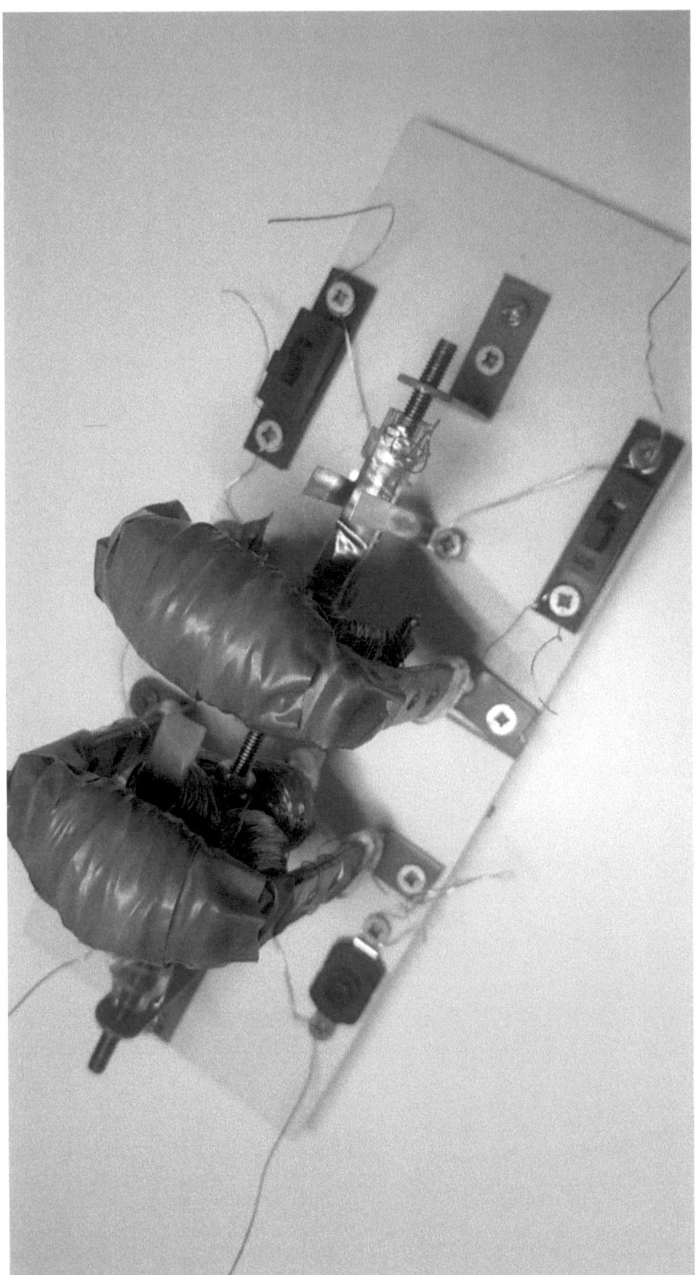

Abb. 11. Der E-KOMO in modularer Bauweise mit oberhalb festverbauten Elektromagneten und zwei vierpoligen Ankern an jeweils einem Kommutator zur beliebig auswählbaren Schaltbarkeit.

Kolek, Erik (2024). Über die technologischen Grundlagen der interstellaren Raumfahrt. In: *Chroniken der Wirtschaftsinformatik-Physik (CWIP)*. Band 3, Auflagen-Nr. 1.0. ISBN: 9783759705549.

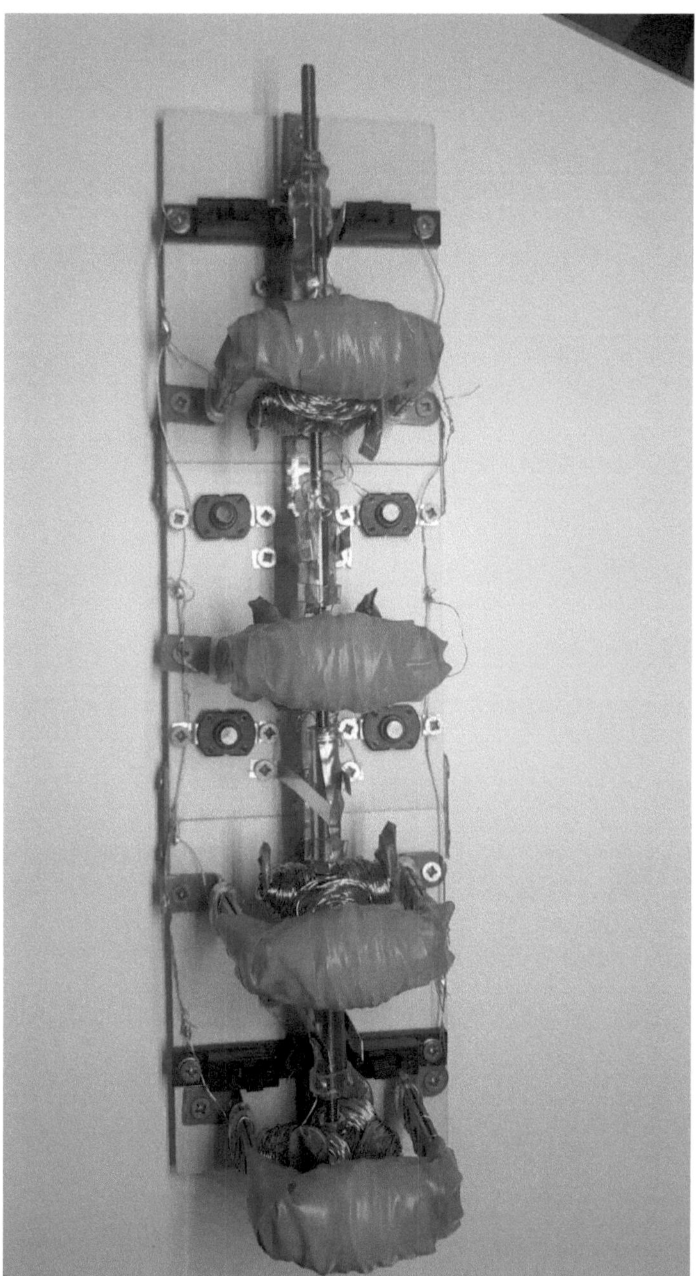

Abb. 12. Der E-KOMO in modularer Bauweise mit oberhalb festverbauten Elektromagneten und vier vierpoligen Ankern an jeweils einem Kommutator zur beliebig auswählbaren Schaltbarkeit.

Kolek, Erik (2024). Über die technologischen Grundlagen der interstellaren Raumfahrt. In: *Chroniken der Wirtschaftsinformatik-Physik (CWIP)*. Band 3, Auflagen-Nr. 1.0. ISBN: 9783759705549.

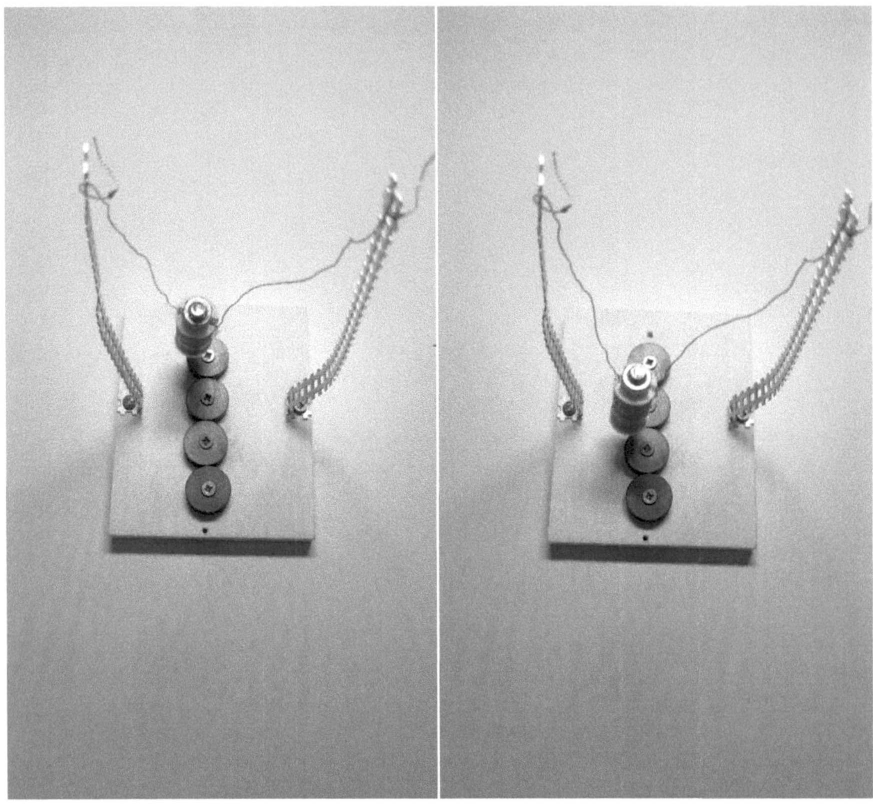

Abb. 13. Das e-Kolek-Newton-Pendel zur Erklärung der induktiven Energierückgewinnung.

Kolek, Erik (2024). Über die technologischen Grundlagen der interstellaren Raumfahrt. In: *Chroniken der Wirtschaftsinformatik-Physik (CWIP)*. Band 3, Auflagen-Nr. 1.0. ISBN: 9783759705549.

Abb. 14. Der E-KOMO in modularer Bauweise mit festverbauten Permanent- und Elektromagneten und dreipoligen Ankern an jeweils einem Kommutator zur beliebig auswählbaren Schaltbarkeit.

Kolek, Erik (2024). Über die technologischen Grundlagen der interstellaren Raumfahrt. In: *Chroniken der Wirtschaftsinformatik-Physik (CWIP)*. Band 3, Auflagen-Nr. 1.0. ISBN: 9783759705549.

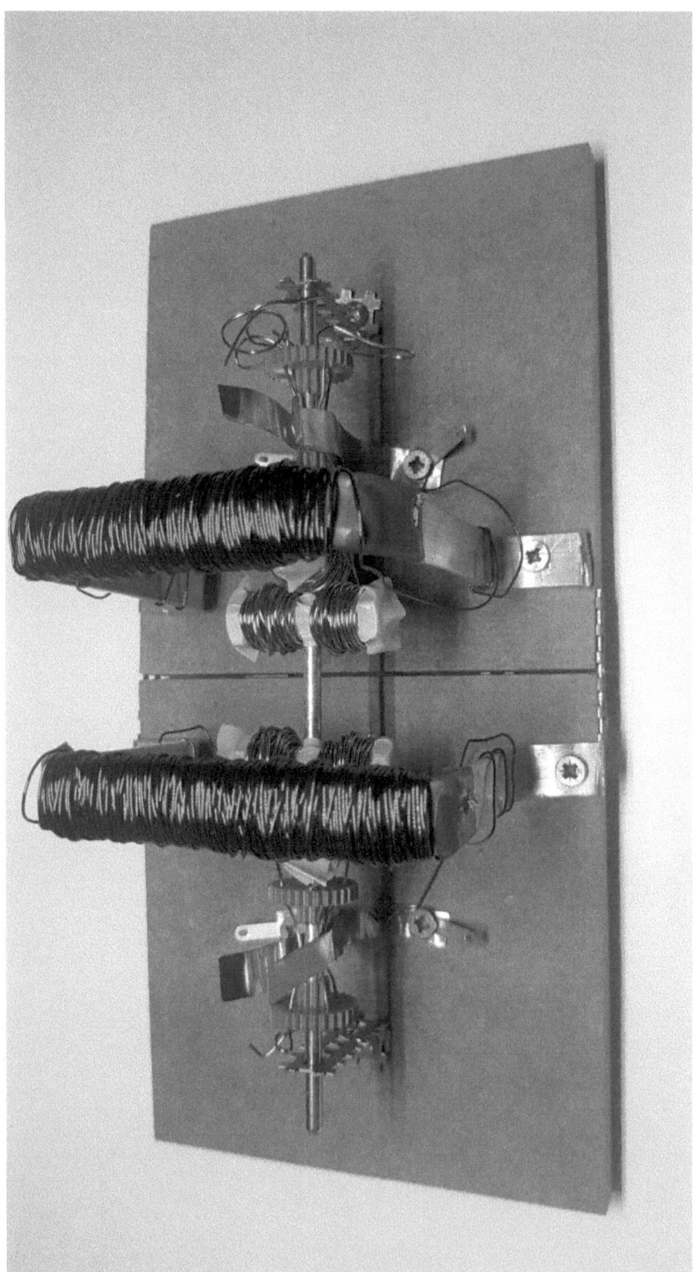

Abb. 15. Der E-KOMO in modularer Bauweise mit festverbauten Permanent- und Elektromagneten und zwei vierpoligen Ankern an jeweils einem Kommutator zur beliebig auswählbaren Schaltbarkeit.

Kolek, Erik (2024). Über die technologischen Grundlagen der interstellaren Raumfahrt. In: *Chroniken der Wirtschaftsinformatik-Physik (CWIP)*. Band 3, Auflagen-Nr. 1.0. ISBN: 9783759705549.

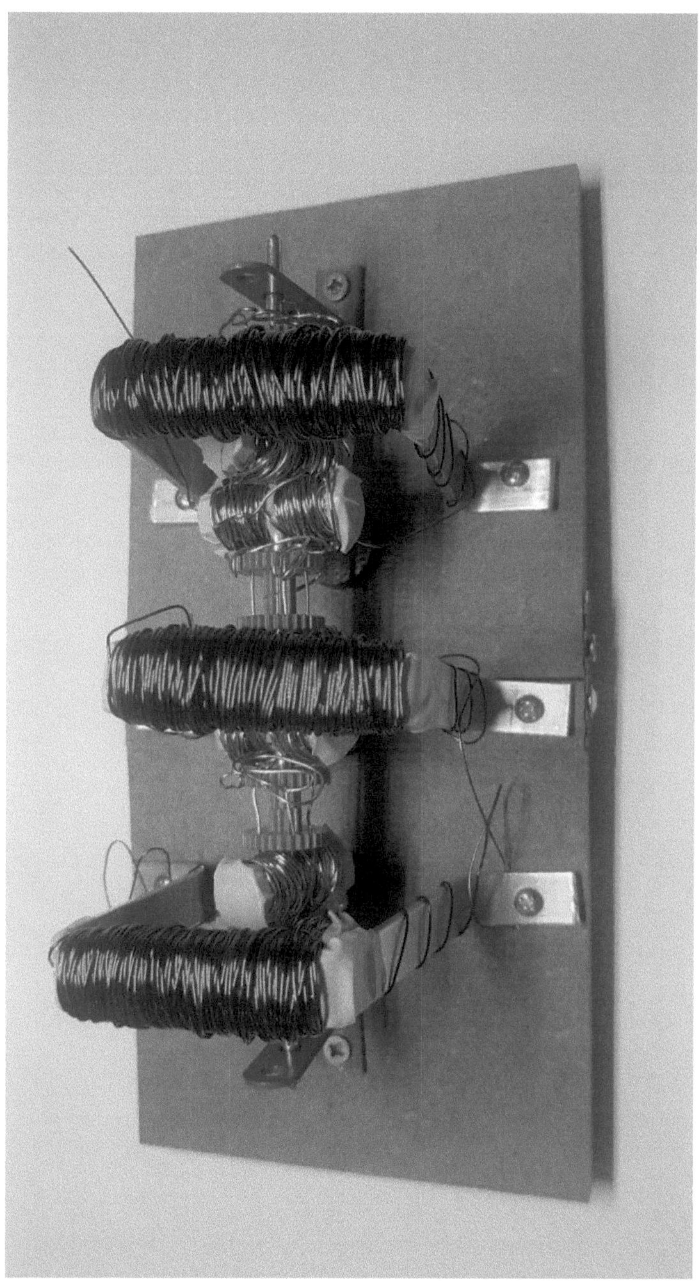

Abb. 16. Der E-KOMO in modularer Bauweise mit festverbauten Permanent- und Elektromagneten und drei vierpoligen Ankern an jeweils einem Kommutator zur beliebig auswählbaren Schaltbarkeit.

Kolek, Erik (2024). Über die technologischen Grundlagen der interstellaren Raumfahrt. In: *Chroniken der Wirtschaftsinformatik-Physik (CWIP)*. Band 3, Auflagen-Nr. 1.0. ISBN: 9783759705549.

Abb. 17. Der E-KOMO in modularer Bauweise mit festverbauten Permanent- und Elektromagneten zur beliebig auswählbaren Schaltbarkeit.

Kolek, Erik (2024). Über die technologischen Grundlagen der interstellaren Raumfahrt. In: *Chroniken der Wirtschaftsinformatik-Physik (CWIP)*. Band 3, Auflagen-Nr. 1.0. ISBN: 9783759705549.

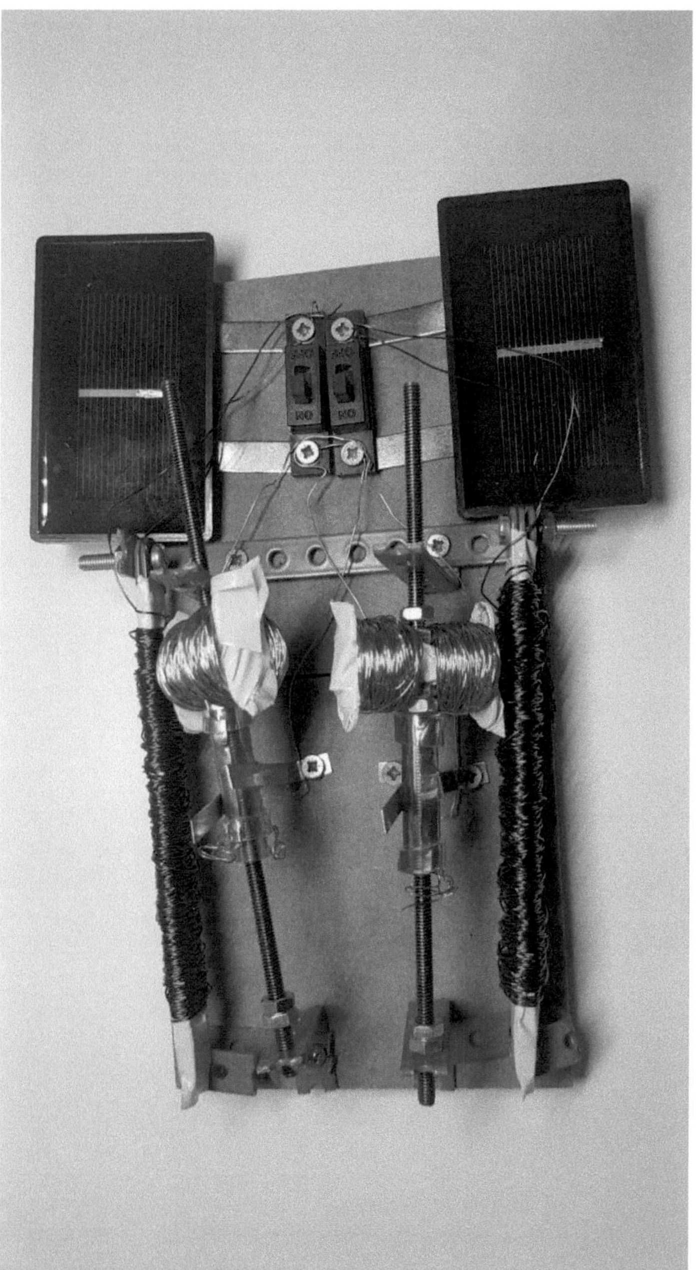

Abb. 18. Der E-KOMO in modularer Bauweise mit festverbauten Elektromagneten und zweipoligen Ankern an jeweils einem Kommutator zur beliebig auswählbaren Schaltbarkeit und verbunden mit einer Photovoltaikanlage.

Kolek, Erik (2024). Über die technologischen Grundlagen der interstellaren Raumfahrt. In: *Chroniken der Wirtschaftsinformatik-Physik (CWIP)*. Band 3, Auflagen-Nr. 1.0. ISBN: 9783759705549.

Abb. 19. Der E-KOMO in modularer Bauweise mit festverbauten Elektromagneten zur Erzeugung von Heißluft beim Stirlingmotor.

Kolek, Erik (2024). Über die technologischen Grundlagen der interstellaren Raumfahrt. In: *Chroniken der Wirtschaftsinformatik-Physik (CWIP)*. Band 3, Auflagen-Nr. 1.0. ISBN: 9783759705549.

Abb. 20. Der E-KOMO in modularer Bauweise mit festverbauten Elektromagneten und zweipoligen Doppelankern an jeweils einem Kommutator zur beliebig auswählbaren Schaltbarkeit und mit Eigendrehmöglichkeit der Ringfassung.